未读 ADR | 探索家

少年中国科技·未来科学+丛书【第一辑】

并不是长得像人，才叫机器人

AI机器人篇

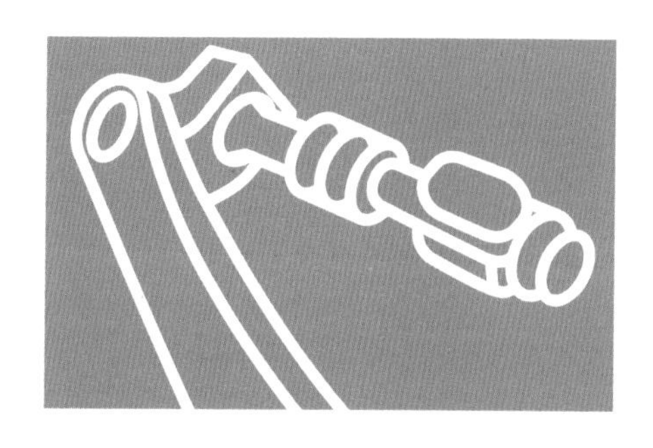

（演讲）
陈润生/黄铁军/山世光 等

格致论道／编

CTS K 湖南科学技术出版社
国家一级出版社 全国百佳图书出版单位

图书在版编目（CIP）数据

并不是长得像人，才叫机器人 / 格致论道编. -- 长沙 : 湖南科学技术出版社, 2024.3
（少年中国科技·未来科学＋）
ISBN 978-7-5710-2779-7

Ⅰ. ①并… Ⅱ. ①格… Ⅲ. ①机器人－青少年读物 Ⅳ. ①TP242-49

中国国家版本馆CIP数据核字（2024）第048404号

BING BUSHI ZHANGDE XIANG REN, CAI JIAO JIQIREN
并不是长得像人，才叫机器人

未讀 AD DR 探索家

编　　者：格致论道
出 版 人：潘晓山
责任编辑：刘竞
出　　版：湖南科学技术出版社
社　　址：长沙市芙蓉中路一段416号泊富国际金融中心
网　　址：http://www.hnstp.com
发　　行：未读（天津）文化传媒有限公司
印　　刷：北京雅图新世纪印刷科技有限公司
厂　　址：北京市顺义区李遂镇崇国庄村后街151号
版　　次：2024年3月第1版
印　　次：2024年3月第1次印刷
开　　本：880mm×1230mm　1/32
印　　张：5.75
字　　数：120千字
书　　号：ISBN 978-7-5710-2779-7
定　　价：45.00元

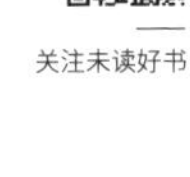
关注未读好书

客服咨询

本书若有质量问题，请与本公司图书销售中心联系调换
电话：(010) 52435752

编委会

推荐序

近年来，我们国家在科技领域取得了巨大的进步，仅在航天领域，就实现了一系列令世界瞩目的成就，比如嫦娥工程、天问一号、北斗导航系统、中国空间站等。这些成就不仅让所有中国人引以为傲，也向世界传达了一个重要信息：我们国家的科技水平已经能够比肩世界最先进水平。这也激励着越来越多的年轻人投身科技领域，成为我国发展的中流砥柱。

我从事的是地球化学和天体化学研究，就是因为少年时代被广播中的“年轻的学子们，你们要去唤醒沉睡的高山，让它们献出无尽的宝藏”深深地打动，于是下定决心学习地质学，为国家寻找宝贵的矿藏，为国家实现工业化贡献自己的力量。1957年，我成为中国科学院的副博士研究生。在这一年，人类第一颗人造地球卫星“斯普特尼克1号”发射升空，标志着人类正式进入了航天时代。我当时在阅读国内外学术著作和科普图书的过程中逐渐了解到，太空将成为人类科技发展的未来趋势，这使我坚定了自己今后的科研方向和道路，于是我的研究方向从“地”转向了“天”。可以说，科普在我人生成长中扮演了非常重要的角色。

做科普是科学家的责任、义务和使命。要想做好科普，就要将人文注入大众觉得晦涩难懂的科学知识中，让科学知识与有趣的内容相结合。作为科学家，我们不仅要普及科学知识，还要普及科学方法、科学道德，弘扬科学精神、科学思想。中华民族是一个重视传承优良传统的民族，好的精神会代代相传。我们的下一代对科学的好奇心、想象力和探索力，以及他们的科学素养与国家未来的科技发展息息相关。

“格致论道”推出的《少年中国科技 · 未来科学 + 》丛书是一套面向下一代的科普读物。这套书汇集了100余位国内优秀科学家的演讲，涵盖了航空航天、天文学、人工智能等诸多前沿领域。通过阅读这套书，青少年将深入了解中国在科技领域的杰出成就，感受科学的魅力和未来的无限可能。我相信，这套书将会为他们带来巨大的启迪和激励，帮助他们打开视野，体会科学研究的乐趣，感受榜样的力量，树立远大的志向，将来为我们国家的科技发展做出贡献。

欧阳自远

欧阳自远

中国科学院院士

推荐序

近年来，听科普报告日益流行，成了公众社会生活的一部分，我国也出现了许多和科普相关的演讲类平台，其中就包括由中国科学院全力打造的“格致论道”新媒体平台。自2014年创办以来，“格致论道”通过许多一线科学家和思想先锋的演讲，分享新知识、新观点和新思想。在这些分享当中，既有硬核科学知识的传播，也有展现科学精神的事例介绍，还有人文情怀的传递。截至2024年3月，“格致论道”讲坛已举办了110期，网络视频播放量超过20亿，成为公众喜欢的一个科学文化品牌。

现在，“格致论道”将其中一批优秀的科普演讲结集成书，丛书涵盖了多个热门科学领域，用通俗易懂的语言和丰富的插图，向读者展示了科学的瑰丽多彩，让公众了解科学研究的最前沿，了解当代中国科学家的风采，了解科学研究背后的故事。

作为一名古生物学者，我有幸在“格致论道”上做过几次演讲，分享我的科研经历和科学发现。在分享的过程中，尤其是在和现场观众的交流中，我感受到了公众对科学的热烈关注，也感受到了年轻一代对未知世界的向往。其实，公众对科普的需求，对科普日益增加的热情，我不仅在“格致论道”这一个新媒体平台上，而且在一些其他的科普演讲场所里，都能强烈地感受到。

回想二十多年前，我第一次在国内社会平台上做科普演讲，到场听众只有区区几人，让组织者感到很尴尬。作为对比，我同时期也在日本做过对公众开放的科普演讲，能够容纳数百人甚至上千人的报告厅座无虚席。令人欣慰的是，随着我国经济社会的发展，公众对科学的兴趣越来越大，越来越多的家庭把听科普报告、参加各种科普活动作为家庭活动的一部分。这样的变化是许多因素共同发力促成的，其中一个重要因素就是有像“格致论道”这样的平台持续不断地向公众提供优质的科普产品。

再回想1988年我接到北京大学古生物专业录取通知书的时候，连这个专业的名字都没有听说过，甚至我的中学老师都不知道这个专业是研究什么的。但今天的孩子对各种恐龙的名字如数家珍，我也收到过一些“恐龙小朋友”的来信，说长大以后要研究恐龙。我甚至还遇到这样的例子：有孩子在小时候听过我的科普报告或者看过我参与拍摄的纪录片，长大后选择从事科学研究工作。这说明，我们日益友好的科普环境帮助了孩子的成长，也促进了我国科学事业的发展。

与此同时，社会的发展也给现在的孩子带来了更多的诱惑，年轻一代对科普产品的要求也更高了。如何把科学更好地推向公众，吸引更多人关注科学和了解科学，依然是一个很有挑战性的问题。希望由“格致论道”优秀演讲汇聚而成的这套丛书，能够在这方面发挥作用，让孩子在学到许多硬核科学知识的同时，还能够帮助他们了解科学方法，建立科学思维，学会用科学的眼光看待这个世界。

徐　星

中国科学院院士

目录

人工智能极简史

从零开始认识人工智能

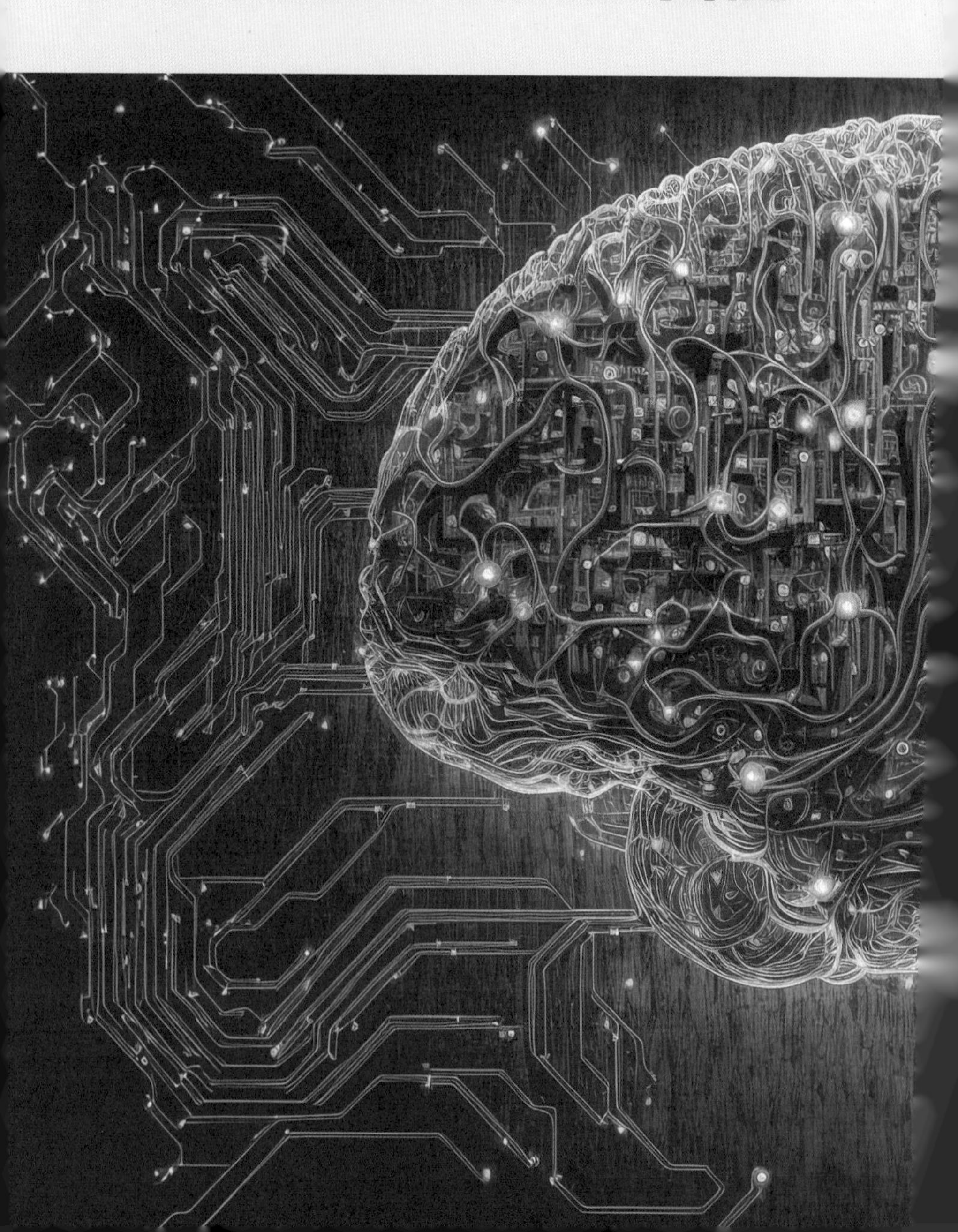

黄铁军
北京智源人工智能研究院院长

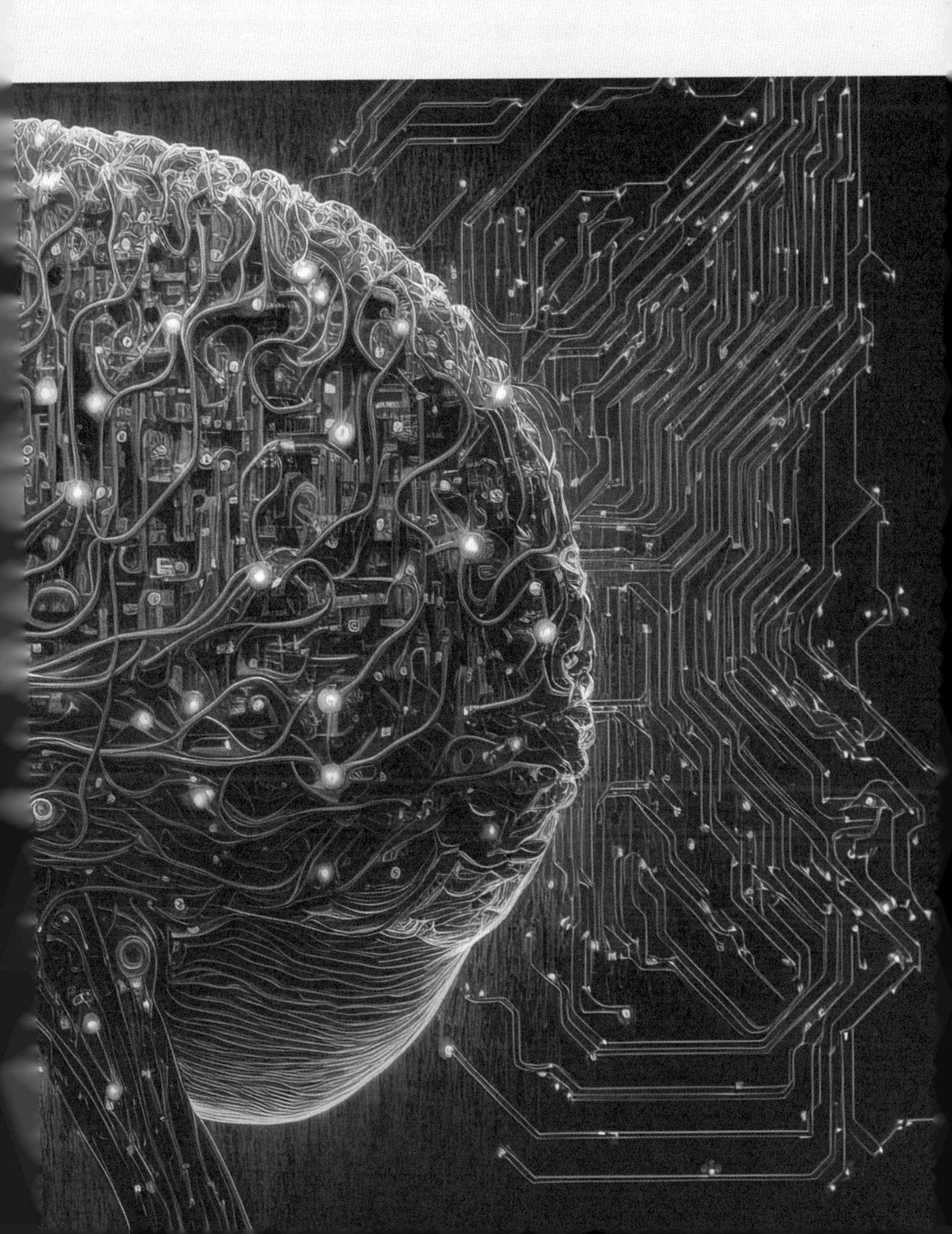

什么是生物智能？什么是人工智能？

比起我们经常用的“人工智能”这个叫法，其实“机器智能”这个词更贴切。因为“人工智能”总让人认为是人类在设计智能，实际并非如此。机器作为智能的载体，也在不断地发展和进化。它的发展也会带动智能不断发展。

什么是智能？我们可以将它定义为感知和认知的能力，但这样说还是太笼统。更清晰的定义是：智能是系统通过获取和加工信息而获得的能力，能让系统实现从简单到复杂的演化。

这个定义有什么特别之处呢？

第一，它说明了智能一定是在某个系统上出现的一种功能，并且它一定要有一个物理系统作为它的载体。

第二，智能是这个系统通过获取和加工信息而获得的能力。人类通过吃饭获取能量让身体变强壮，这是动能而非智能。智能只有通过“获取信息”才能发展，比如对人类来说，读书、听资讯、周游世界、与世界互动——做这些事才有可能对人类的智能发展起作用。

有了这个定义，我们就可以很容易地区分生物智能和机器智能。

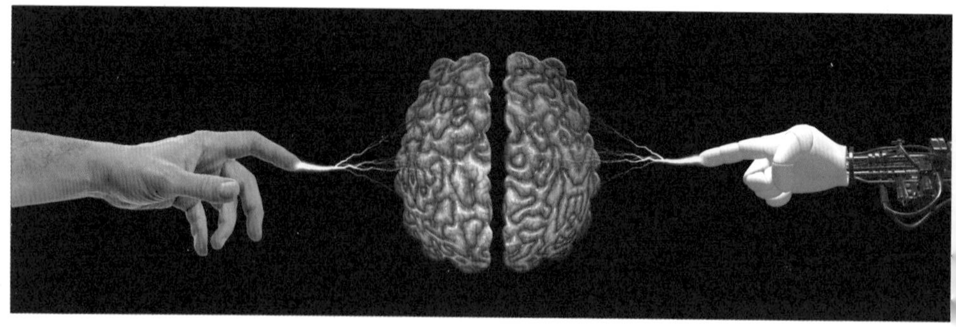

生物智能——自然科学的最后疆域；机器智能——技术科学的无尽疆域

首先，它们的物理载体不同。包括人类在内的生物智能的载体是有机生物体；而机器智能的载体则是包括计算机在内的各种非生物体，比如机械、机器。

其次，生物智能属于生命科学领域。生命科学是自然科学的一部分，与物理学、化学、生物学、天文学、地理学等自然科学一样，都有特定、明确的研究对象。生命科学的研究对象是生命。

生命，尤其是大脑，是我们已知宇宙中最复杂的客观存在之一。因此，人们将研究与生物智能相关的学科如神经科学、认知科学称为自然科学的最后疆域。我们如果把这些学科研究清楚了，就有可能解决自然科学领域的所有问题。

相比之下，机器智能以机器为载体，而机器本身是不断地发展着的。一开始，机器由人类设计，随着时间的推移，机器会越来越复杂，智能也会越来越强大，将来机器有可能自己设计自己，机器自身会不断地迭代、发展。因此，机器智能的功能会越来越多、越来越强大。

那么，机器智能的边界在哪里呢？生物智能在不断地进化，但是进化速度比较慢，并且它是有边界的；而机器进化的速度特别快，它的智能是无穷无尽的，所以说机器智能是技术科学的无尽疆域。

人工智能的三个阶段：从被动接受到自主学习

当谈到人工智能时，人们通常倾向于认为它是通过在计算机上编写程序和算法[1]来实现的智能。然而，这只是对机器智能的狭义理解。在计算机上编写程序和算法只是实现机器智能的一种途径，

1　算法（algorithm）：在数学和计算机科学中指一个被定义好的、计算机可施行其指示的有限步骤或次序，常用于计算、数据处理和自动推理。——编者注（后文若无特殊说明，均为编者注）

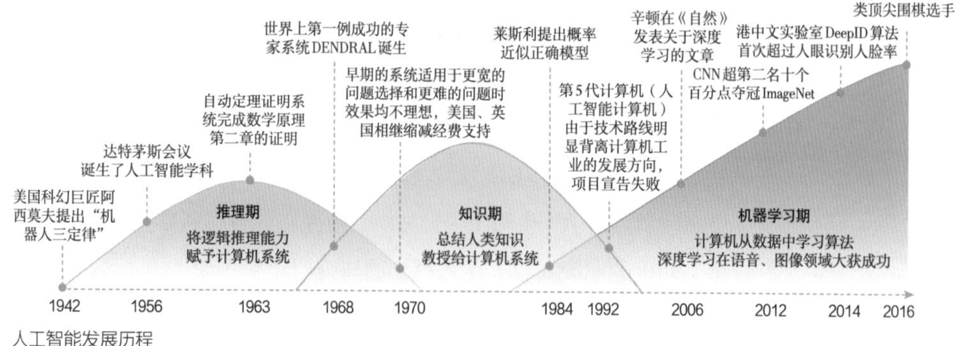

人工智能发展历程

远非人工智能的全部。

下面，我们简要回顾一下人工智能60多年的发展历程。它大致可以分成三个阶段。

第一个阶段可追溯到20世纪五六十年代至七十年代初。当时开发人工智能的基本方法是将逻辑和推理等规则，也就是我们常说的编程和算法，灌输给机器，然后让机器去执行。这种方法固然实现了某种程度的智能，但显然人类是设计者，机器仅是执行者。这种方法经过20年左右的发展后，暴露出了一些缺陷。人们逐渐认识到，许多问题无法用这种方法解决。

第二个阶段是20世纪七八十年代，当时出现了专家系统和知识工程等方法。这些方法引出了一个新的理念：不仅要向机器输入规则，还要教给它知识（比如“北京是中国的首都”）。因此，大量的知识库和专家系统被设计了出来。但后来人们发现，这样做还是有问题的。因为并非世界上所有的知识都可以变成一条一条的条目或书本上的符号，大部分需要灌输给机器的知识都是无法描述的。例如，在听到“红色”这个词时，你的头脑里会产生关于“红色”的清晰的想法，但这种想法是无法概括成所谓的知识或符号的。

第三个阶段为从20世纪80年代到现在，被称为“从数据中学习”

的阶段。在这一阶段，机器智能不再依赖人类编写规则和知识，然后让机器去执行，而是直接从数据中找规则、找规律。所以，这个阶段也叫机器学习的时代。

人工智能的发展大概就是按照以上三个阶段来划分的。

人工智能的三大流派

前面我们提到了人工智能的狭义解释。它整体上是出自符号主义（或逻辑主义）一派的思想，也就是用符号来表示智能的方方面面，然后让机器去执行它。除此之外，还有两个很重要的人工智能学术流派：连接主义（又叫仿生学派）和行为主义（又叫进化主义或控制论学派）。

如果我们形象地去解释这三种流派或三种思想，那么，符号主义强调机器应该能够思考；连接主义认为，要想实现智能就要有一个类似大脑或神经系统的物理载体，所以要制造头脑；行为主义认为，人工智能如果光有头脑没有身体，就无法与环境互动，也就不

各种符号

能形成智能、发展智能。

符号主义的观点是要把智能的功能和现象用符号进行描述。我们在课堂里学的很多知识其实都已经被老师或作者符号化了。我们去接受知识、学习知识，记住一个定律、一个推导出的规则……广义地讲，这些都是符号主义。把符号主义的思想用到智能领域，就是把这些符号转化成代码、程序和算法，让机器去执行。

符号主义取得了很多成果，我们来看两个比较有代表性的例子。

一个是在“人工智能”这个概念出现之前，有一套在当时非常有名的软件算法系统，叫“逻辑理论家”。它能够证明数学中的很多定理。它也是1956年“人工智能”这个概念出现之时，唯一一个能够运行的人工智能系统。

著名数学家、中国科学院院士吴文俊

另一个具有里程碑意义的成就是由中国科学家吴文俊先生创立的方法。1977年，他提出了“吴方法”——所有能够通过机器证明的定理都可以用这种方法来证明。不过要注意的是，这句话有一个前提条件，即“能够用机器证明的定理”。实际上，存在着大量无法用机器证明，甚至是不可证明的定理。因此，符号主义并不能解决所有与智能相关的问题。

行为主义的思想也比“人工智能”这个概念出现得早。例如，1948年，一位发明家发明了对页上图中像小乌龟一样的机器。这台机器使用了光传感器和模拟电路，可以通过光传感器来检测障碍物。当遇到障碍物时，它可以左右移动，以找到可行的路径。此外，它的内部还有电路来模拟神经系统的条件反射。并且，当电量耗尽时，它可以返回插座进行充电。

这个东西在今天我们都很熟悉，很多家庭都有，那就是扫地机器人。没想到吧，它的发明时间比人工智能概念出现的时间还要早很多。那时这个机器里当然没有计算机和芯片，它的运行也没有程序和算法支撑。它只是内部有一个模拟电路，靠行为和与环境的互动来获得智能。

1948 年沃尔特发明的机器乌龟

近几年，我们经常能看到一些很“炫”的机器人，比如波士顿动力公司开发的机器人，它可以在很复杂的环境里运动，可以搬运东西、跳到高台上去。

扫地机器人

这种机器人背后的设计思想主要也是行为主义。这些行为并非由人进行编程，制定“先迈左脚，再迈右脚，遇到多高的物体如何行动”的规则，再让机器人去执行，而是通过训练来实现的。

既然有训练，就意味着会失败。我们看到的都是成功的例子。为了完成这些动作，实际上这些机器人经过了很长时间的训练，无数次摔断了腿。

第三个流派是连接主义。如前所述，这个流派认为实现智能需要有物理载体，即载体必须是客观的物理存在。按照连接主义的思想，这个载体就应该是神经网络。

因为生物或者人类智能的主要载体就是以大脑为中枢的神经

系统，所以要想构建一个机器智能系统，就应该构造一个人工神经网络。构造人工神经网络就成了长期以来众多发明家尝试完成的任务。

我们对生物神经系统的了解还很有限。我们本应该借鉴生物神经系统来构造人工神经网络，但在得不到确定的生物神经系统蓝图的情况下，我们就只能按照自己的理解去发明各种各样的神经网络。

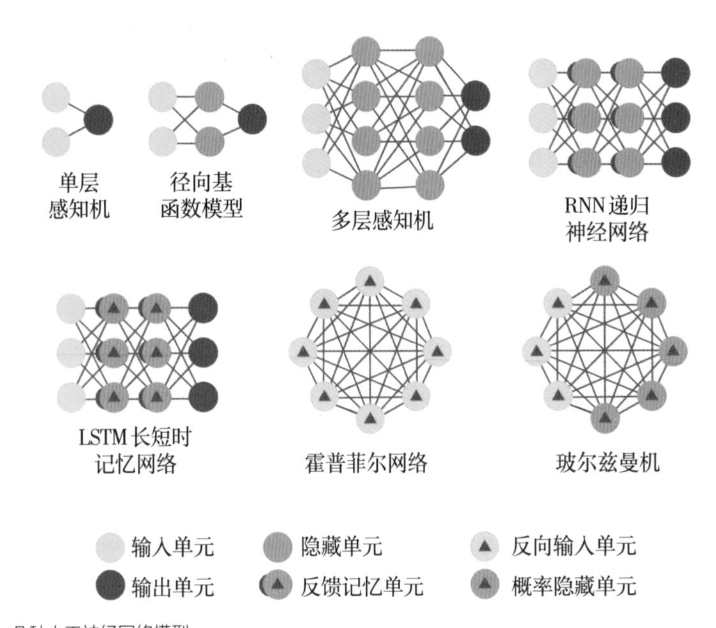

几种人工神经网络模型

构造神经网络是为了产生智能，那么“什么样的神经网络能产生智能？”“怎么去产生智能？”就成了连接主义要解决的问题。

机器产生智能的机制

在20世纪80年代前后，有好几个研究组都提出了一个相似的思想，我们如今叫它反向传播算法。

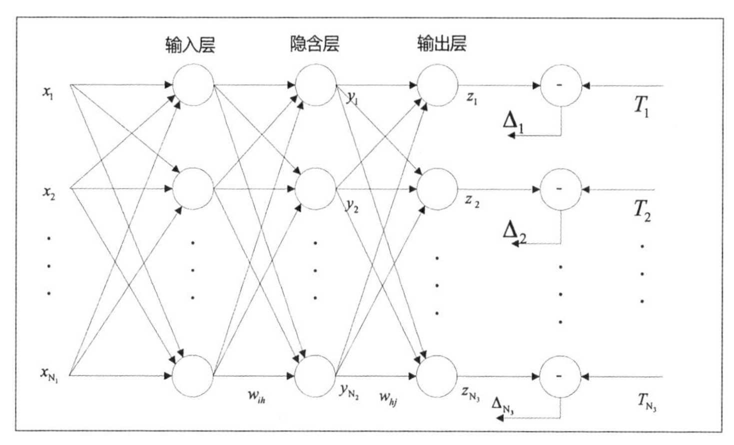

多层神经网络上的反向传播算法（1985年前后）

大家请看上面这张神经网络图，它的结构是多层的，纵向的每一列圆圈代表一层神经元，两层神经元之间是全连接的，也就是说上层神经元跟下层的所有神经元都是互联的。这个神经网络结构非常简单，生物神经网络的结构比这复杂得多，而且还远远没被我们弄清楚，因此现在人类只能按照自己的理解去设计这样的简单人工神经网络。上面这个神经网络模型到今天仍在被大量使用。

这样一个简单的结构怎么产生智能呢？在初始状态下，这个网络上所有神经的连接是随机的。它的左边是输入层，右边是输出层。假设你想让它完成人脸识别的任务，即你在左边输入一幅人脸的图像，希望它在右边输出和图像对应的人名张三或李四，你可以想一想，在没有经过任何学习和训练的情况下，这个神经网络根本无法做到正确输出。

比如，我们希望T_1等于1的时候输出人名“张三”，T_2等于1的时候输出人名“李四”，但我们输入张三的图像时，因为神经网络没有经过学习和训练，我们几乎可以肯定T_1不等于1。不等于1没关系，那么张三的图像跟1的差别有多大呢？这个差别可以用Δ表示。为了让T_1等于1，算法会反向一层层地调节神经网络，让前面每一层连接的强度值发生变化。每完成一次训练就进行一轮调节，每调节一轮，输出的结果都比前一次更接近1，通过不断重复训练和调整，神经网络就可以逐渐获得识别人脸的能力。

这个例子说明，神经网络背后没有事先被设定如何识别人脸的规则，它的功能是经过很多轮的调整而逐渐获得的。如今，神经网络训练的背后基本上都是这样的思路，我们最后得到的结果实际上就是经过反复试错、优胜劣汰后获得的。

什么是深度学习？

2006年，杰弗里·辛顿提出了一种有重大改进的算法。这一算法在之前提到的神经网络的基础上进行了一系列方法上的改进，取得了出色的识别效果。这就是我们所说的深度学习。

那么，什么是深度学习呢？深度指的是神经网络的层数非常多。前面例子中的神经网络只有几层，而如今的神经网络可以包含数百甚至上千层。学习指的是机器学习，即机器通过一遍一遍尝试、不断地调整参数，最终逐渐得出接近人类期望的答案。

所以，深度学习就是在多层神经网络上，经过反复尝试，最后获得规律的过程。

这种方法具有普遍性，可用于解决各种问题。例如，当输入一张人脸时，深度学习可以识别出这是张三还是李四，实现人脸识别；

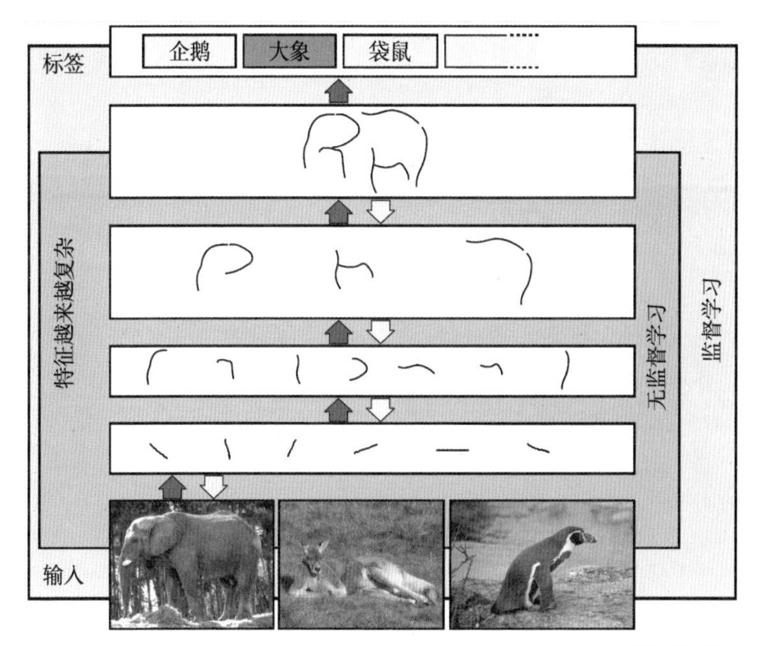

深度学习示例

当输入一句话时，它可以逐字理解，实现语音识别。无论是哪种媒体的数据类型，都可以通过这种方式寻找其中的结构和规律。

能够从复杂的现象背后发现结构和规律，这就是智能的基本特征。深度神经网络就能够做到这一点：无论是什么类型的数据，只要它的内部存在一定的结构，深度神经网络都可以通过多次尝试找到其结构。这就是深度学习工作的基本方法。

机器是如何战胜人类高手的？

深度学习的一个例子是围棋系统 AlphaGo（阿尔法围棋）。2016年，AlphaGo 战胜了李世石。它是怎么做到的呢？在比赛前还有很多人认为计算机不可能战胜人类，因为他们得出这种结论背后的思

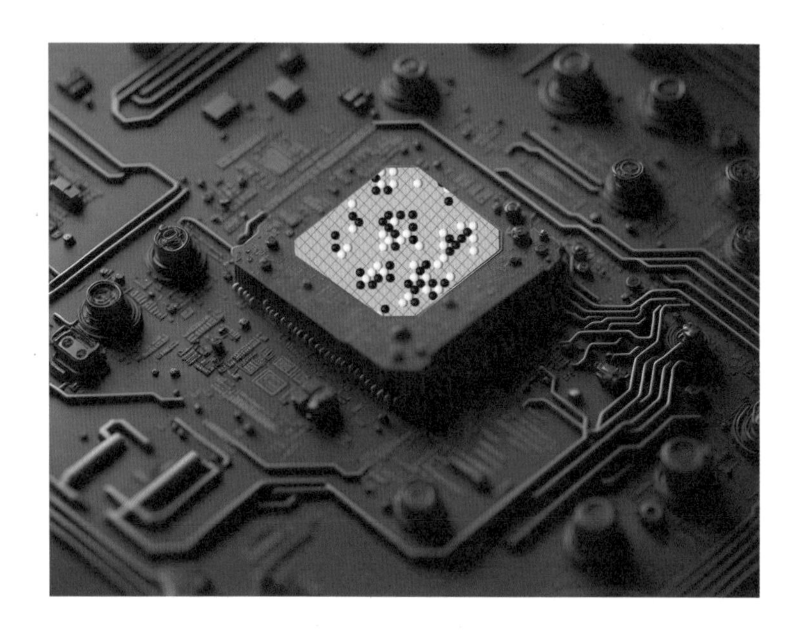

想是符号主义的，即通过给机器制定规则去搜索围棋下法。然而，实际上AlphaGo的成功并非依赖于符号主义的方法，而是基于深度学习的技术。

计算机比较“笨”，但是算得快。靠算得快并不能解决所有问题，因为围棋的可能性太多了，多到今天的计算机用几万年都无法穷举围棋所有可能的下法。而人类也无法把围棋的所有下法都总结好，再灌输给机器。

但是人类有一种能力，即在有限的棋局里，把赢棋的规律总结出来。AlphaGo学习的其实就是人类的这种能力。具体过程是这样的：AlphaGo首先把棋盘看成了一个图像。围棋棋盘其实不大，只有361个点，每个点只有黑、白和无三种状态，所以它是个很简单的图像，比人脸简单多了。

机器能看到大量的图像。有些图像最终会导致赢，有些图像会导致输，这个结果是很清楚的。所以，我们就可以把这些图像输送给机器，告诉它：出现这种图像时赢的概率大一点儿，出现那种图像时赢的概率小一点儿。尽管输赢的概率只有很细微的差别，但是学多了，机器就能逐渐掌握规律。

因此，AlphaGo下围棋时，它的神经网络学习的就是看围棋的局面，寻找其中规律性的东西，这个东西就是棋感。这跟人类从复杂的数据或事物里找规律的道理是一样的。但重要的是机器的计算能力比人类强大，AlphaGo可以看更多的棋面、棋局，从大规模的数据中学习，进行自我调整和优化。比如，AlphaGo当时总共进行了3000万盘自我对弈。如果人类以100岁为计，生命长度约为36 500天，3000万盘相当于人类每天都要下大约800盘围棋。

人类无法做到从出生起到100岁每天下800盘棋，但是机器用几个月就可以做到。它获得的棋感资源要比人类获得的丰富得多，所以它找到了很多人类都没有尝试过的妙招，它打败人类是一个很显然的结果。

除了下棋，机器在游戏领域的发展也取得了显著的成就。

比如在《星际争霸》这样的游戏中，尽管存在着复杂的场景和很多的决策可能性，但是游戏规则是明确的，输赢是可以清楚定义的。机器同样可以从角色空间里寻找更占优势的策略，然后不断地提高自己的能力，战胜人类的顶尖高手。

人工智能能超越人类吗?

这么看的话，机器智能似乎发展得很快，已经有点儿势不可当了，下棋、打游戏甚至更复杂的决策，机器都能做到。是不是照着这种势头下去，机器就能超越人类了呢？是不是随着大算力、大数据的发展，只要把模型做得越来越大，人工智能的未来就一片光明了呢？其实不是的。

例如，人脸识别是人工智能最成功的应用之一，许多公司的产品都涉及人脸识别，我们在日常生活中也经常遇到。向机器输入一张照片，并问它，这个人在这座有几千万人口的城市的哪些地方出现过，机器的工作效率完全可以碾压人类。

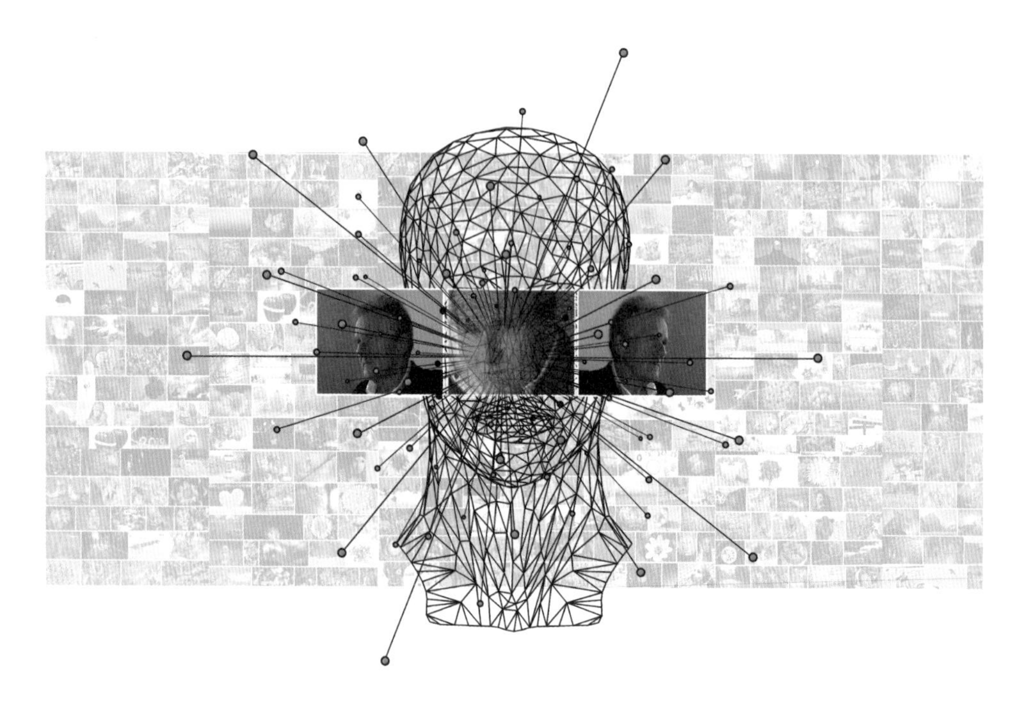

人类的人脸识别能力是有限的。平均而言，一个人能够分辨的人脸类别总共是2000个左右。好在我们一生不用认识那么多人，能够区别出2000张人脸的能力对我们来说已经够用了。

那么，如此强大的人脸识别系统是否已经完全超越了人类呢?并不是。实际上，在做一些基本任务时，机器跟人类相比还差得很远。

比如，对页上图中这个穿条纹衣服的人被机器检测出来了，但在衣服上贴了一张图片的人就不能被机器检测出来。

所以，机器看似很强大，但实际上有很大的弱点，它跟人类相比还有很大的差距。为什么会发生这种情况呢？其实道理很简单。因为任何智能都是有载体的，深度学习依赖于人工神经网络，生物智能依赖于生物神经网络。与生物神经网络相比，现在的人工神经网络还是小巫见大巫。

如右图，人类的视觉系统位于脑后，信号通过视神经纤维被送到那里。视觉系统差不多占大脑皮层1/5的面积，其神经网络的复杂程度远超今天所有人脸识别系统的人工神经网络。因此，生物视觉的物理基础强大，能力也强大，这也就不奇怪了。

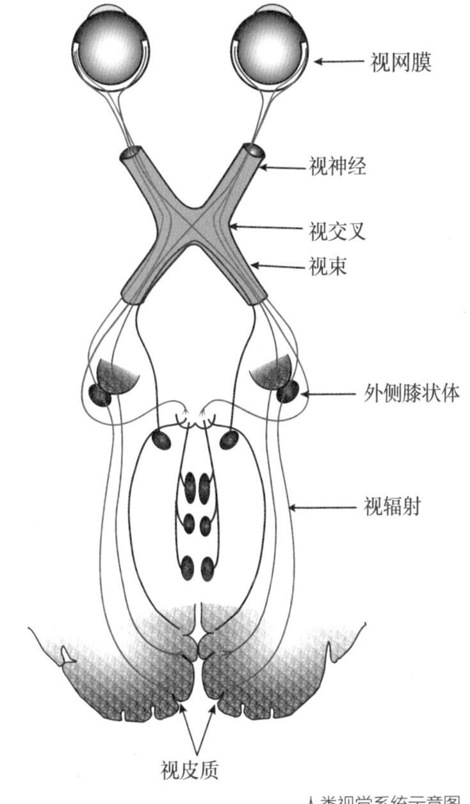

人类视觉系统示意图

为什么智能机器要模仿人脑?

冯 · 诺伊曼

“若想做一个能够媲美人类视觉的视觉系统，就得做一个跟人类视觉的神经网络相当的人工神经网络”——这样的观念其实并不新鲜，早在人工智能的概念出现之前，就有人对此进行讨论了。下面是两个例子。

第一个例子是冯 · 诺伊曼提出的观点。现在，我们提到的计算机又叫冯 · 诺伊曼计算机，这是因为冯 · 诺伊曼定义了计算机的体系结构。

在提出计算机体系结构的那个年代，他还提出了一个观点，即生物视觉系统最简单的完整模型就是视觉系统本身，如果你想将这个系统简化，那只会让事情变得更复杂，而不是更简单。所以要想实现某种智能，就必须做出实现那种智能相应的机器和对应的结构。

艾伦 · 图灵

第二个例子是图灵提出的观点。图灵也是一位著名的学者和计算机专家，如今的计算机基本模型就是图灵提出的。图灵在1950年发表了一篇论文，这篇论文也被追认为人工智能领域的第一篇论文。为什么是“追认”呢？因为人工智能的概念在1956年才出现，而这篇论文是在1950年发表的。

在这篇论文中，图灵给出了一个很清楚的判断，他认为，真正的智能机器必须具有学习能力，制造这种机器的方法是先制造一个模拟童年大脑的机器，再教育训练它。只有用能够模拟童年大脑的机器训练，才能产生预期的智能。

为什么要模仿大脑？为什么必须在大脑的基础上去做人工智能？人类可以尝试做各种神经网络，以解决一些现实的问题。但从终极意义上讲，最节省的方法还是把人类的大脑作为模型，依葫芦画瓢，这个“瓢”就是机器智能。

为什么要用生物大脑作为“葫芦”？因为它是经过35亿年的进化、试错后试出来的，被证明是有效的结构。我们只要把这个结构搞清楚，然后用它去做机器智能就可以了。

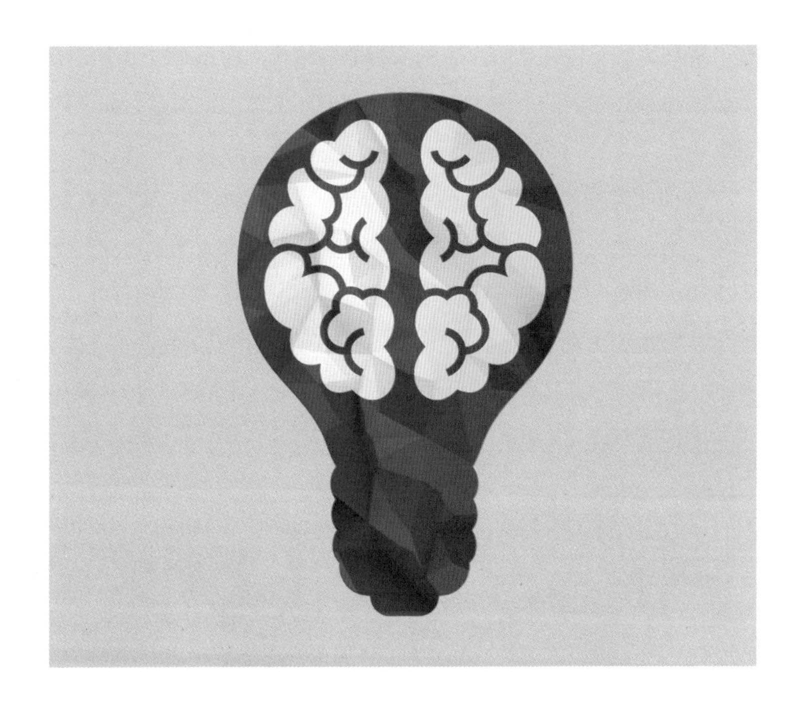

人类大脑在很多方面是很强大的，虽然它的能耗只有25瓦，但是它能做的事情比如今任何大型计算机都多得多。地球已经付出了人类大脑的进化成本，所以它是一个成本很低的、现成的可参照物。

先做发明再找原理

说到这里，有人可能会质疑："模仿大脑？说得容易做起来难，大脑背后的运作原理你知道吗？"

确实，大脑是人类自然科学研究的最后的难关。大脑的奥秘什么时候能被破解？这是难以预测的，可能需要几百年甚至几千年。

然而，我们要注意到，当我们谈论机器智能时，我们可以将其分为"机器"和"智能"两个方面。要想做机器智能，第一步是要做机器，第二步才是做智能，不能只盯着智能。我们首先要关注机器、关注大脑，关注这个产生强大智能的结构，而不必过早纠结于大脑的思维和智能的产生机制。大脑如何产生智能？那是后面要考虑的事。

前面的解释过于抽象，我们举个例子。要想制造一架飞行器，如果认为必须先把飞行的原理搞清楚才动手，那么人类到现在都飞不上天，因为人类直到今天都没有完全弄明白飞行的所有原理。

实际上，飞机的发明史是这样的：1903年莱特兄弟发明了飞机，那时人们根本没有总结出任何飞行原理。直到1939年，钱学森和冯·卡门才真正建立起一套飞行理论。

钱学森和冯·卡门

这时，飞机已经在天上飞了30多年，并且在两次世界大战中都发挥了巨大的作用。历史表明，莱特兄弟发明飞机只是利用了工业时代的技术进步，靠不断尝试让一个机械装置飞上了天。那时，世人都不明白它为什么能飞上天，但事情就这样发生了。

莱特兄弟飞行器

在莱特兄弟发明飞机之初，后来的飞行原理创始人冯·卡门就是坚决不看好这件事情的人之一。1908年，他曾跟别人打赌说："人类不可能让一个庞大的装置在天上飞，而且人类还能待在上面。"直到在巴黎亲眼见证了这个事实后，他才下决心去研究为什么这么重的装置能飞上天。最终，他花了三十几年的时间，才总结出了一套飞行原理，才有了空气动力学这门科学。

1939年后，基于空气动力学的原理，我们可以把飞机造得更大，让它飞得更高。但是，世界上第一架飞机不是基于哪个原理被制造出来的。类似的事在科技史上屡见不鲜，比如宋朝发明的指南针。当时发明它的人并不知道电磁学原理，但这并不妨碍指南针的发明。如果没有指南针，就没有大航海时代，可能也不会有今天科技的成就。

因此，我们不应被原理所困，认为做一件事前必须先把原理搞清楚。这种思想是束缚创新的一大枷锁。关于智能的研究也是如此。我们的目标不是回答智能背后的原理是怎样的，大脑的奥秘是什么。我们要先看是什么样的结构产生了智能，然后制造这样的机器去实现智能，最后去研究它产生的奥秘。

冯·卡门晚年曾说过一句话："科学家发现现存的世界，工程师创造未来的世界。"科学家研究的对象一定是存在的，研究不存在对象的是玄学。工程师创造的东西可以基于科学原理，但是最伟大的工程师是在没有原理的情况下把一件东西创造出来的，这才是从0到1的重大发明。

发现和发明同样重要，有时是发现指导发明，有时是发明之后才有发现。现在，机器智能研究要做的是发现生物智能背后的神经系统结构，而不是揭开生物智能的奥秘。

发现生物智能背后的结构

那么，我们要去发现怎样的结构呢？科学研究常用的模式动物[1]有这么几种。

最简单的是线虫，这种动物只有302个神经元，但足以支持它的生存、繁衍、感知、运动。比线虫复杂一点儿的生物是斑马鱼。斑马鱼出生时有数万个神经元。随着成长，它们的神经元数量会不断增加，最终达到百万级别。由于斑马鱼是透明的，因此我们可以用光电仪器仔细地观察它的神经元的行为。

1　模式动物：在生物学研究中，为了保证科研结果的准确性、可重复性而用到的一些遗传背景清楚的标准的实验动物。

复杂程度更高的模式动物有果蝇和小鼠。比小鼠更复杂的是狨猴，它是灵长类动物里大脑最小的，它的大脑约有10亿个神经元。大脑最复杂的生物就是人类，人类的大脑有800多亿个神经元。

模式动物神经元数量和智能

神经元量级	模式生物	典型智能
百亿	人类	+理性，直觉，科学发现，技术发明，艺术创作
十亿	狨猴	+自我意识，语言，高级社会行为
亿	小鼠	+情绪，初级社会行为
十万	果蝇	+飞行，攻击，学习，记忆，决策
万	斑马鱼	+多模态和跨模态感知，游泳，学习
百	线虫	生存，繁衍，感知，运动

不同的生物神经网络复杂程度不同，造就了各种各样的智能行为。什么时候我们能够把生物的大脑解析清楚，作为制造机器智能的蓝图呢？对此，人们有不同的看法。

在2016年4月举行的全球脑计划研讨会上曾提出这样一个观点，10年内有望完成包括但不限于对以下动物大脑的解析：果蝇、斑马鱼、小鼠和狨猴。也就是说，对生物大脑的解析很快就要进入灵长类动物的范围了。

那什么时候才能解析人类的大脑呢？20年？30年？现在很难给出答案。但总的来说，这件事不存在能不能的问题，只有技术手段够不够的问题。虽然准确的时间不好预估，但是在几十年之内完成是可以期待的。就像人类基因组计划，一开始，测定基因的成本很高，但今天我们检测人类基因的成本可能只有几百块钱。技术的进步一定会给大脑结构的解析带来巨大进步。

从弱人工智能走向强人工智能

既然我们能够在生物学上把生物神经系统的结构解析出来，那么人工智能面临的问题就是，能否照葫芦画瓢，把“电子大脑”构造出来，即能否制造出智能的机器。

对这方面的研究，各国的进展都很迅猛。目前，我国已经在北京怀柔建成了一个国家重大科技设施——“多模态跨尺度生物医学成像设施”。这个设施的主要目标就是解析大脑的神经网络结构。如果说我国另一个重大科学设施FAST天文望远镜看的是我们头顶的大宇宙，那这套医学成像系统看的就是我们大脑中的小宇宙。

即便没有解析出人类大脑的结构，把果蝇大脑中的几十万个神经元解析出来，也是很有用的。现在的无人机看似很强大，但跟果蝇对比的话还差得远。如果能构造出类似果蝇大脑的电子装置，其实就可以解决很多实际的问题了。

再如，关于无人驾驶，有的人说它在几年内就能研究成功，有的人说可能几十年也不会有成果。这项技术面临的最关键的问题就是驾驶系统到底能不能灵敏地感知环境。

相比现在的无人驾驶系统，小鼠的大脑对复杂空间的感知能力要强大得多。如果我们能模拟出小鼠的大脑并将其与无人驾驶系统结合，这将足以让无人驾驶功能变成现实。所以，如果能把生物的大脑高精度地模拟出来，然后把相关的智能训练出来，就能够解决人工智能领域的很多问题。随着这些问题一个个被解决，我们将走进“通用人工智能”的新时代。

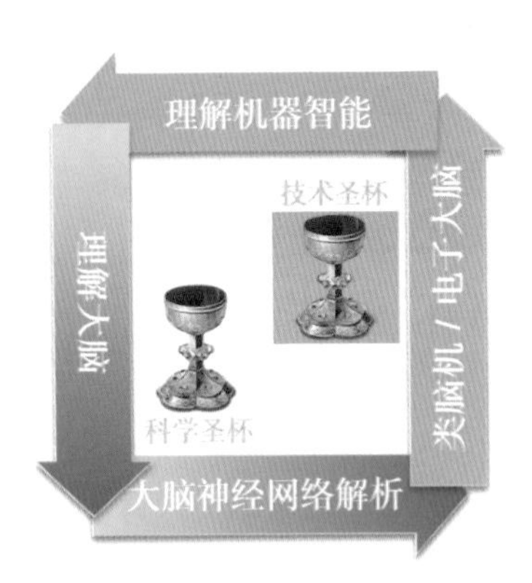

破解大脑奥秘，制造智能机器

如今所有的人工智能都是弱人工智

能，又叫窄人工智能或专用人工智能。这类智能系统只能完成一件事，下棋的只能下棋，做计算的只能做计算。能够做任何事的智能叫通用人工智能，也叫强人工智能。硬要分类的话，人类当然是强人工智能系统，我们会做的不止一件事，只要学习，我们可以学会解决各种问题的办法。未来，我们的研究目标就是做出通用人工智能系统。

至于强人工智能系统什么时候能做出来，目前还存在争议，不同人的看法可以说是天壤之别。2015年1月，一场名为AI Safety（人工智能安全）的会议在波多黎各举行。在会议现场，与会专家都对什么时候能出现强人工智能进行了预测。有人说10年，有人说20年，也有人预测30年、50年，有人说强人工智能永远无法出现。所有预测的中位时间是2045年，也就是从预测之时开始30年后，强人工智能可能会被做出来。

人机大战会发生吗?

我们经常看到很多科幻电影里有机器人跟人类对战的场景，于是会不自觉地把机器人想象得跟人类一样。我们其实被误导了，这种想法既夸大了人类的能力，也低估了机器的优势。

尼古拉·特斯拉

如果将来有了强人工智能机器人，它们会拥有远超人类的能力。机器人的眼睛的识别速度比人类快1000倍，甚至是1万倍，它们的动作速度也比人快得多。你向机器人射出一颗子弹，它可以轻松地抓住。它没必要对人类使用武器，你的枪可能还没举起来，机器人就把你拍在地上了。可以说，机器跟人类对战的场景是不太可能出现的。电影里的场景不过是人类把自己的能力投射到机器上了。

特斯拉在1896年曾说过一句话："我认为任何对人类心灵的冲击，都比不过一个发明家亲眼见证人造大脑变为现实。"这句话表达了他对人工智能的巨大潜力的看法。如果我们能通过电子或光电的方式实现人造大脑，这个世界就会发生翻天覆地的变化。未来，人类如何跟这种越来越强大的智能共存？这将是一个特别具有挑战性的问题。

一方面，超级智能的神经网络承袭了人类大脑的结构，因此与我们具有相融性。虽然它的思维速度远超过我们，但它只是电子大脑。相较于外星人，我们与超级智能至少存在着沟通的可能性。我们制造的强大机器在某种意义上是我们的后裔，是人类的子孙。

另一方面，超级智能的速度远远超过我们，我们完全无法跟上它。埃隆·马斯克现在正研发脑机接口，他认为："人类赶不上机器了，那么直接将生物神经系统与机器相连来共同提高不行吗？"这听起来是个不错的想法，但这就好比汽车与马车的关系：汽车速度比马车快10倍，但汽车不可能拉着马车行驶。它们根本不同步，无法共同工作。

人类如何与性能远超自身的机器共存，这是人类真正需要思考的问题，世界上确实有许多人都在思考这个问题。2019年，有一场由全球人工智能领域专家参加的会议"Beneficial AGI"（向善的通用人工智能）。会议的主题就是希望这种智能出现后，能够与人类和平共处。同时，这也是一个开放性问题。也许在未来几十年内，这将成为我们每个人都面临的问题。唯有关注和深入思考，我们才能够更好地应对未来的变化，实现人类与超级智能共融的发展。

思考一下：

1. 人工智能和生物智能有什么不同？
2. 深度学习的基本特征是什么？
3. AlphaGo 能战胜人类围棋冠军的原因是什么？
4. 如果超级人工智能机器人出现了，你觉得它会是我们的朋友还是敌人？

演讲时间：2020.9
扫一扫，看演讲视频

从看脸到读心
人脸识别的进化

山世光
中国科学院计算技术研究所研究员

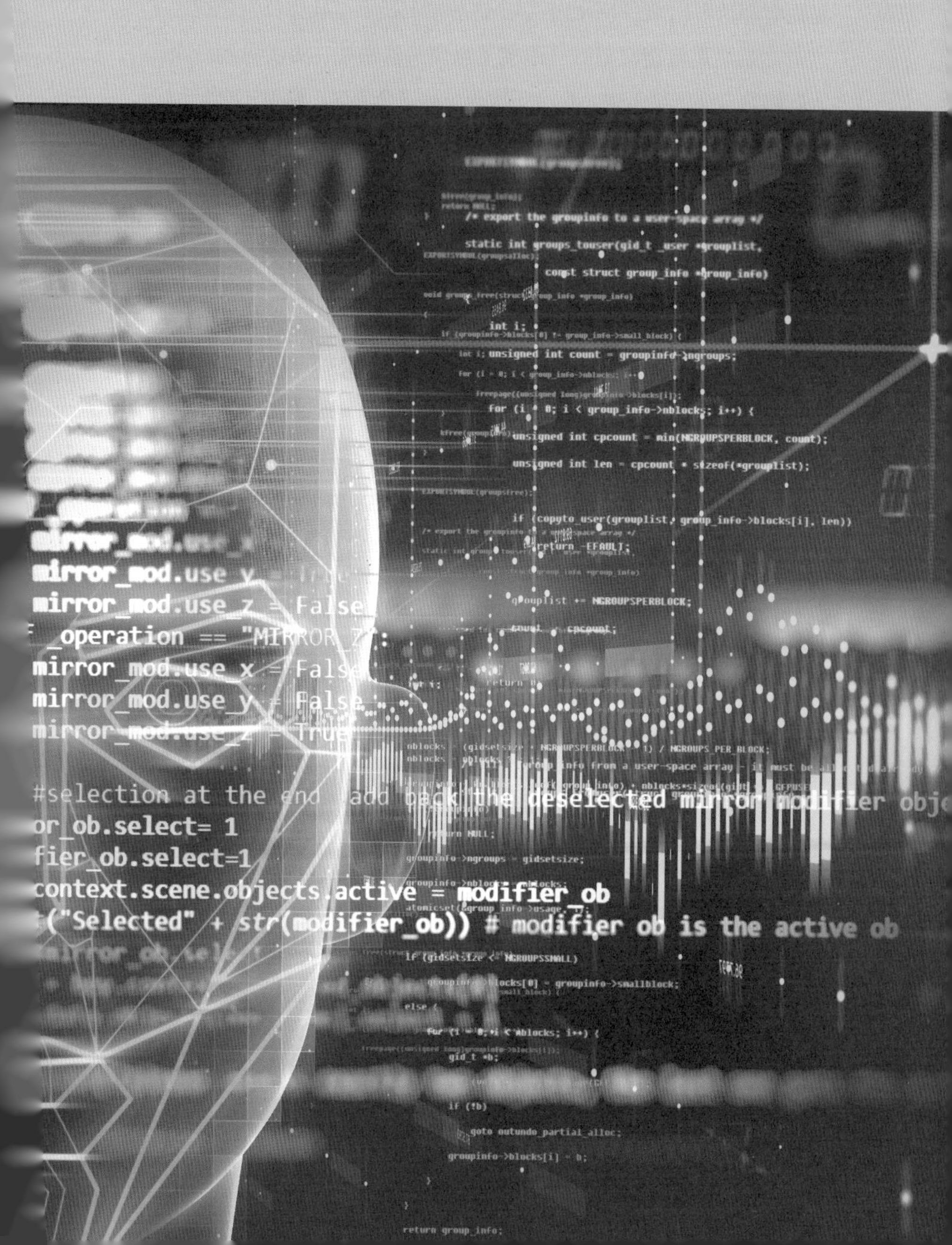

人脸识别已经是一项成熟的技术

你有“脸盲症”吗？比如你认识了一位新朋友或老师，再次见面时却认不出来，叫不出名字。这种情况是不是让你特别尴尬？这时你是不是特别希望有一副装了摄像头的眼镜，每次见到一个人就将其自动记录下来，那么下次再见到这个人时，你就不会忘记他了。

实际上，这种能记录人脸特征的高新技术现在已经被普遍地应用了，这就是所谓的“人脸识别技术”。早在30多年前就有人在研究这种技术了。它的一次跨越式发展发生在2015—2017年。在2015年前，可能一个人每年“刷脸”的次数还只是个位数，但5年后，无论是在手机支付，还是在公共安防（如进入车站）等场景中，我们几乎每天都会用到人脸识别技术。

在2010年之前，人脸识别系统的错误率大约是千分之一，即比对1000次可能会出现1次错误。然而到了2017—2018年，错误

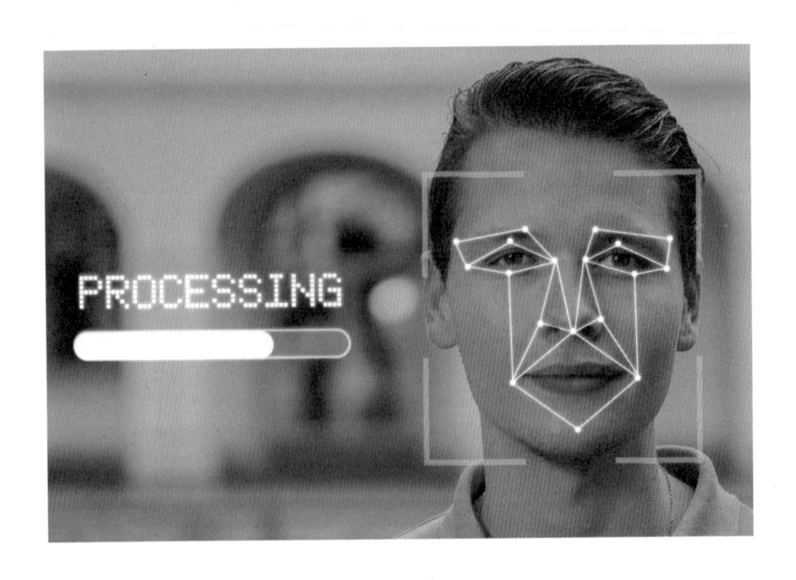

率降低到百万分之一，也就是说，比对100万次才会出现1次错误，这是以前无法想象的。

高新技术的突破性发展经常会出乎我们的意料。人脸识别技术的成熟激发了研究人员的灵感，推动他们把这项技术应用到更多的场景中去。那么，人脸识别除了在识别身份方面的应用，还有哪些更高级的应用呢？这是一个值得探索的问题。

人工智能还能“察言观色”

既然通过面部特征认出一个人对人工智能来说已经不是什么难题，那它能具有像人一样“察言观色”的能力吗？比如跟别人聊天时，别人心里到底想什么，它能猜出来吗？

马库斯·图留斯·西塞罗

西塞罗有一句名言：“世间一切，尽在脸上！”其实我们通过人工智能从人脸上获取的信息，远远不止“他是谁”“他是男是女”“他是20岁还是80岁”，我们还能获取更丰富的信息：一个人经历的人世沧桑，他的人生起伏，他现在可能在想什么，心情是高兴、伤心，还是很无聊。这不得不让人进一步思考：也许这个时代，很快要从过去“看脸”的时代变成“读心”的时代。

什么叫“读心”呢？就是根据一个人外显的语言和行为，去推测他的心理和精神状态。

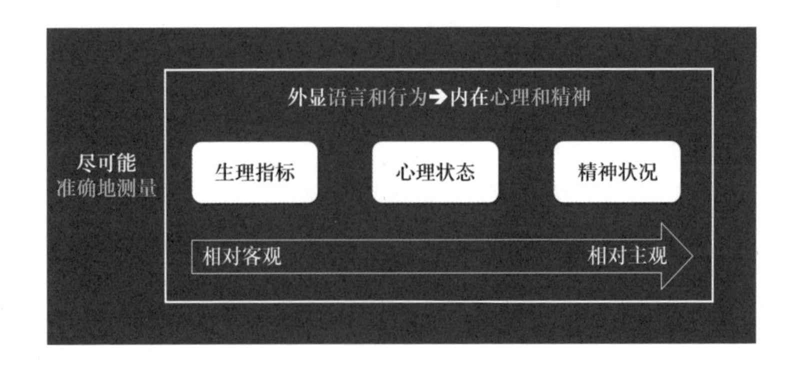

进一步分析，我们又可以将“读心”分为不同的层次。最底层是相对客观的生理指标，如心率、呼吸频率、眨眼次数，甚至还有血压、血氧等。中间层是心理状态，主要涉及情绪，如喜、怒、哀、乐、疲惫、亢奋、紧张等。再往上，就是人格和精神状况等层面了，这一层面尤其还涉及与精神健康相关的问题，如孤独症等精神障碍。这一层次相对更加主观。

从脸上读出你的生理指标

我们如果想用一个监控范围在0.3～1.5米的普通摄像头拍摄一

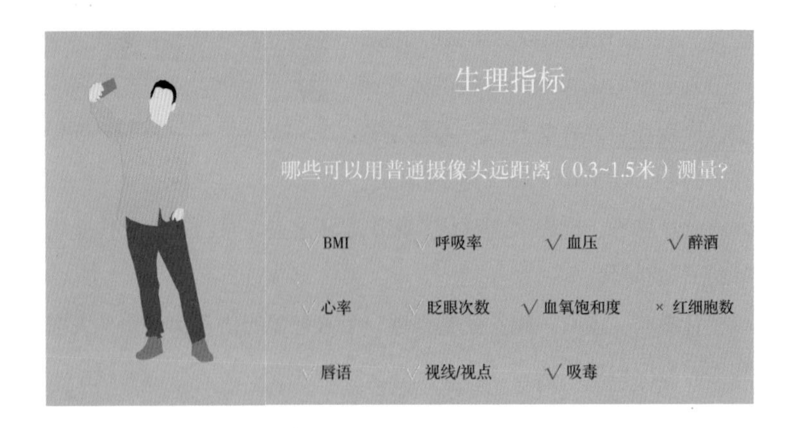

个人的视频，然后用算法去估计对页下图中的指标，可行吗？让我们来逐项分析一下。

眨眼次数非常容易评估，我们只要让算法找到眼睛，并判断眼睛是睁开还是闭合的，然后持续关注和评估眼睛的状态，就能估计出一个人每分钟眨眼的次数。当一个人紧张时，眨眼次数可能会不受控制地增多，因此眨眼次数是一个重要的心理指标。

那么，身高和体重能否估计呢？如果有一张全身照片，我们就可以进行身高和体重的估计，但如果只有一张面部照片呢？

一项在2020年进行的实验收集了3000多人的身高和体重数据，然后再分别用这些人的面部照片来估计他们的身高、体重和BMI指数。令人惊讶的是，估计出来的数值和收集到的数据之间差距并不大。例如，估计出来的身高的误差为5厘米左右，估计出来的体重的误差约为5千克，而BMI指数的误差则不到2。这样的误差远远小于真人通过照片估计所产生的误差。

另外，像血压、血氧饱和度这种过去认为通过人脸识别技术不可能识别的特征，在严格的光照采集条件下，也可以用普通的摄像头加一个算法进行估算。甚至对醉酒的识别也有了一些基础的研究成果。例如，某家共享汽车公司希望确保驾驶员不会酒后驾车，那就可以通过摄像头来评估驾驶员是否处于醉酒状态。

一个人站在你面前，你很难仅凭外表估计出他的心率，但用一个摄像头对着他拍摄一条10秒的视频，算法就可以比较准确地估计出他的心率。这项技术已经被应用到了一些智能健康APP上，你只要凝视摄像头10秒钟，APP就可以估计出你的心率，误差低至3次/分。

这些看起来不可能做到的事情为什么可以成为现实？其实只要仔细想想，你就会发现这背后存在非常清晰的科学原理。例如，心率监测依据的原理是：心脏在跳动时会泵血，因此血管中的血流量会有周期性变化。这种变化会影响面部皮肤毛细血管中的血流量，使皮肤反射的光的颜色强度产生周期性变化。通过捕捉视频中人的皮肤微弱的颜色周期性变化，我们就能够准确估计心率。

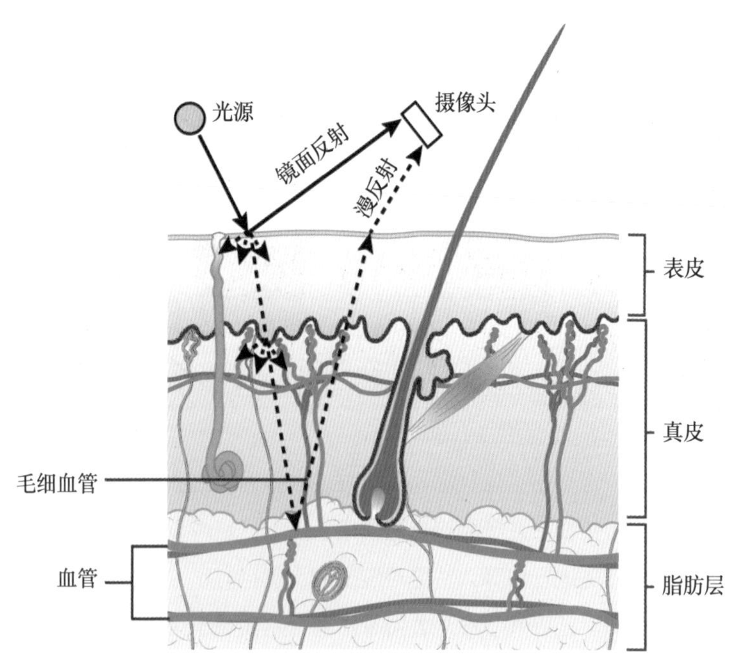

皮肤上反射光的颜色变化，能够反映出心率、血压等生理数据

还有一件人工智能可以识别出来的让人觉得不可思议的事情——暗送秋波。人在看什么地方，在看谁，其实也反映了非常多的重要信息。因此，视线估计（又叫视点估计），也是一项有重要应用价值的技术。例如，这项技术可以用于判断驾驶员在转弯时是否看了后视镜，或者在驾车过程中是否一直注视前方。

不闻人声，但明人意——唇语识别

在无法听到声音的情况下，我们能否通过观察嘴唇的信息来推测一个人在说什么？

关于唇语识别的研究，有一个故事经常被提及。在2006年的世界杯，马特拉齐似乎说了一句话激怒了齐达内，结果齐达内一头顶翻了马特拉齐。大家都在猜测马特拉齐到底说了什么惹恼了齐达内，事后有许多人尝试利用唇读技术进行猜测。

唇读技术其实是可行的。听障人士在与健听人交流的时候就非常需要这种技术的支持。听障人士在学校里经过训练，掌握了唇读的能力，可以理解百分之七八十的口语内容。这启发了我们，能否让人工智能也具备这种能力呢？

事实上，我们已经在这方面取得了进展。例如，当我们驾驶汽车时，在外界噪声很大或发动机声音很吵的情况下，基于声音的语音识别可能就失效了。在这种情况下，人工智能由于具备唇语识别能力而完全不受影响，并且目前的识别准确度可以达到90%以上。

唇语命令词识别精度可达 90% 以上

为了推动唇语识别技术的发展，我们还发布了全球规模最大的中文唇语识别数据集。该数据集涵盖了超2000人的70多万个样本。借助这一丰富的数据集，我们可以更准确地训练和优化唇语识别算法，提高其准确度和可靠性，为听障人士和其他有需要的人群提供更好的沟通和交流方式。

在研究中我们还有一个有意思的发现，那就是在进行唇语识别时，我们不仅要看嘴唇，还要看全脸。为什么呢？我们猜测这是因为说话时不仅唇部在运动，它也会牵动我们脸部的其他肌肉

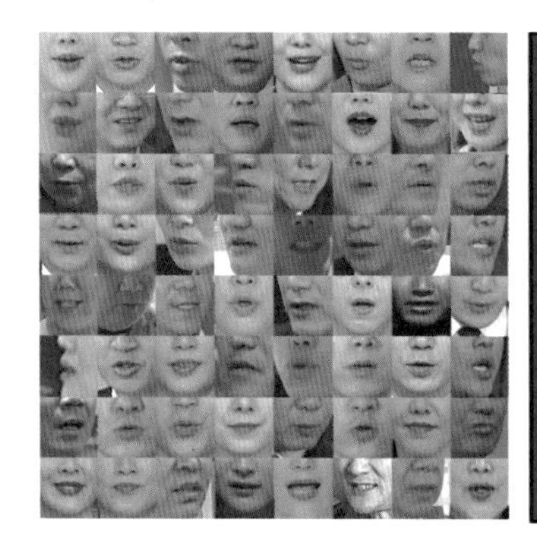

和皮肤运动，包括脸颊至眼睛区域的变化。

因此，我们的技术表明，用全脸的信息而不只用嘴唇的信息去做唇语识别，能够提高识别精度。

唇语识别能帮助我们做什么？上文提到了听障人士需要这样的技术，它可以帮助听障人士了解其他人在说什么，从而促进他们和健听人之间的交流。其实对健听人来说，在噪声特别大的情况下，语音识别也会失效，那就可以配合唇语识别去提高识别精度。

唇语识别技术具有广泛的应用前景。除了前面提到的，它可以帮助促进听障人士与健听人之间的交流、在语音识别受干扰的情况下提高识别的精度之外，唇语识别技术还可以在我们学习英语或其他语言时帮助我们纠正口型。此外，唇语识别技术还可以应用于一些特殊的场景，如通过唇语下达指令、进行密语通信等。

AI能感知喜怒哀乐吗？

前面介绍的几种技术都还是人脸识别在生理指标层面的应用。那么，人工智能算法能否感知人的喜怒哀乐，也就是说开展心理状态的估计呢?

这方面的技术更多地与对表情、微表情、面部肌肉动作以及各种心理状态的识别有关，比如识别人是困倦、疲惫，还是亢奋、充满激情等。

学术界对这方面的研究已经持续多年。最常见的方法是将人的情绪（如喜、怒、哀、乐等）对应7种基本表情，其识别准确率已经能达到85%，甚至高达90%。

然而，人的情绪远不止7种，而是非常复杂多样的。因此出现了许多更细致的情绪模型，以更好地描述情绪和构建情绪模型。例如，心理学家艾伦·汉贾利克（Alan Hanjalic）提出了激活度-愉悦度情绪模型。这个模型一方面考虑了一个人的唤醒程度，即他是

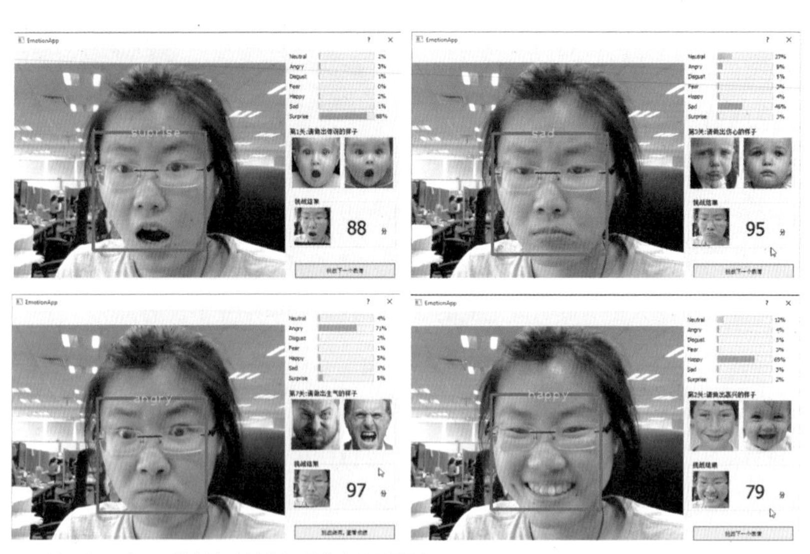

AI 对喜、怒、哀、乐等基本表情的识别准确率已超过了 85%

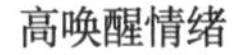

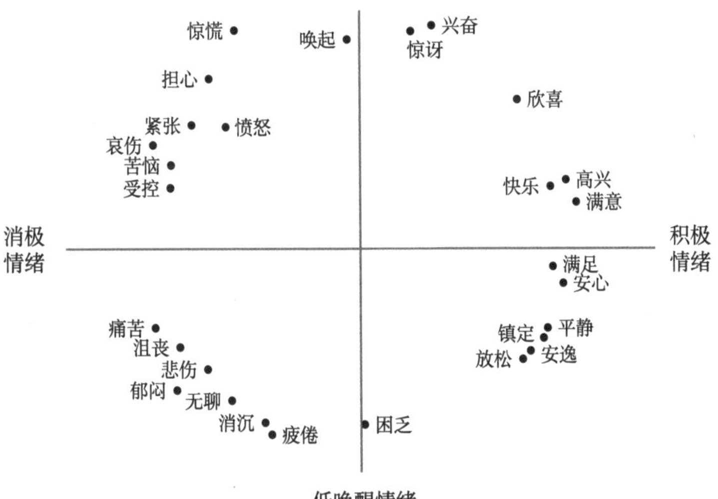

艾伦·汉贾利克的激活度－愉悦度情绪模型

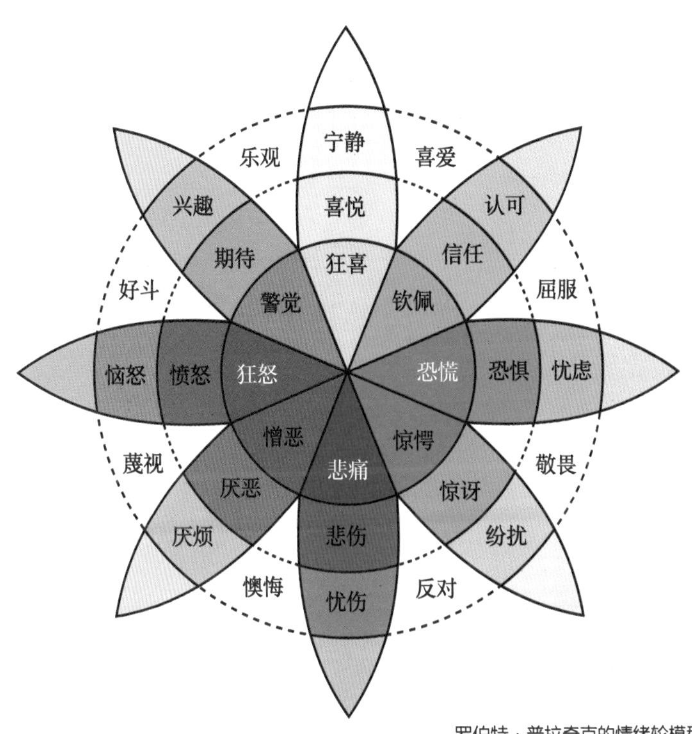

罗伯特·普拉奇克的情绪轮模型

亢奋还是无精打采，另一方面考虑了情绪的正向或负向。这样便可以将更多的情绪类别纳入模型中。此外，心理学家罗伯特·普拉奇克（Robert Plutchik）提出了情绪轮模型，它也包含各种各样复杂的情绪。结合这些模型，在开发AI算法时，我们希望能够让算法自动评估更复杂的情感。

同时，我们也知道，仅仅通过“看”来分析一个人的情绪并不容易。因此，通过多种模态的融合，如声音、手势、文字等，进行情绪感知就显得更加重要。

那么，表情识别技术尚未成熟，是否就代表着这项技术无法应用于情绪识别呢？并不是。实际上，表情识别技术，特别是可以转化为客观指标的情绪识别技术，是能够完成某些特定任务的。

事实上，心理学家已经定义了40多种面部动作，如嘴角上扬、皱眉等，其中超过20种可以通过摄像头进行捕捉。于是，基于这些可捕捉的面部动作，我们开发了下面这个识别系统。每当系统检

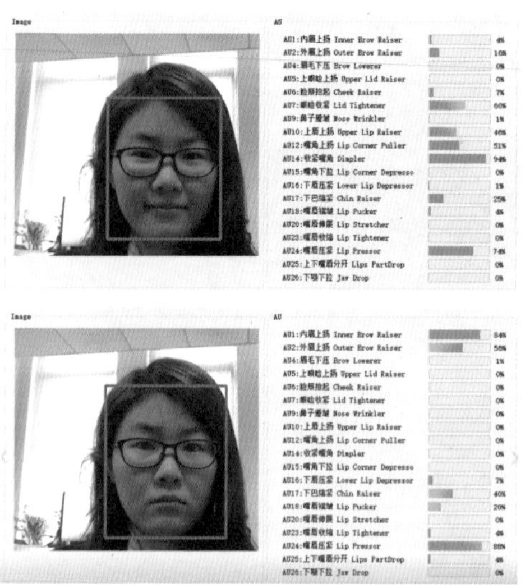

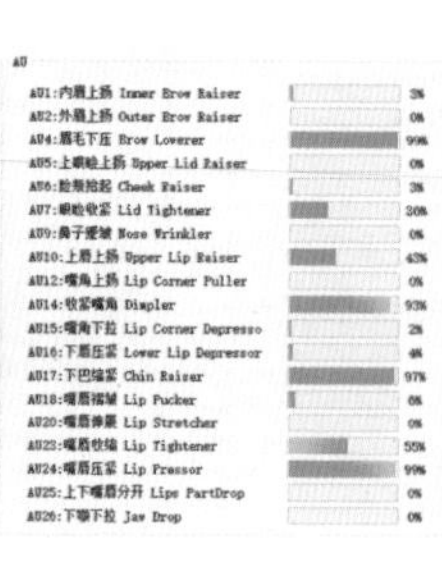

心理状态估计——面部（微）动作检测

测到一个面部动作，右边相应的颜色条就会呈现相应面部动作的强度。

大家可能看过《别对我说谎》（*Lie to me*）这部探案电视剧。它向观众展示了神奇的“微表情”断案技巧。所谓“微表情”，指在极短的时间内（可能只有1/5秒）出现并迅速消失的表情。这些微小而短暂的表情能够更准确地反映人内心真实的情绪。现在，通过人和机器的协同分析，我们能够对一个人想压抑住的某个非常短暂的表情或情绪进行正确的感知。

另一个可以客观化评估的心理状态是疲劳。例如，在开车时，如果我们感到极度困倦，这是非常危险的。在这种情况下，我们可以借助技术，通过分析驾驶员的眨眼次数、每次闭眼的持续时间、打哈欠的次数、头部姿势的变化以及视线方向和心率等生理指标来评估他的疲劳状态。

这些技术的应用为我们提供了一种客观且可靠的方式来评估人的情绪和心理状态。通过深入了解和分析这些指标，我们能够更好地消除潜在的风险，保护个人和公共安全。

AI“相面”：精神状况的评估与诊断

许多疾病的诊断目前主要依赖标准化的问卷加医生的主观判断。然而，由于经验不足或不同，不同的医生可能会给出不同的判断。因此，我们希望通过人工智能技术逐渐开发出一种更加客观化的评估方法，以提升诊断的准确性和一致性。

例如面瘫，它是由面部神经出现问题而导致面部动作不够精确的疾病。医生需要使用一套系统来评估患者的面部神经或面部肌肉的动作能力。这可以通过摄像头来捕捉，并进行客观的评估。比如，评估患者在张嘴时能否张开得足够大，或者在执行特定动作时能否达到要求。

澳大利亚的几所大学在2018年联合进行了一项研究。他们通过对抑郁症患者视频中的视觉特征和语言特征进行联合分析，来识别抑郁程度。这些特征包括说话方式、头部姿态变化以及眼神等。当仅使用语言特征对重度抑郁症患者和健康人进行分类时，识别准确率达到83%；仅使用头部姿态时，准确率为63%；仅使用眼神时，准确率为73%。而把这些特征综合起来进行分析时，准确率达到了88%[1]。

这项研究表明，通过结合不同的特征进行分析，可以提高对抑郁症识别的准确性。这对及时发现和诊断抑郁症具有重要意义。

另外，孤独症也是一种引起社会关注的、非常严重的疾病。根据2020年的数据，在美国，每54个孩子中就有1个患有孤独症；在中国，这个比例大约是140：1。特别严重的孤独症患儿很可能终

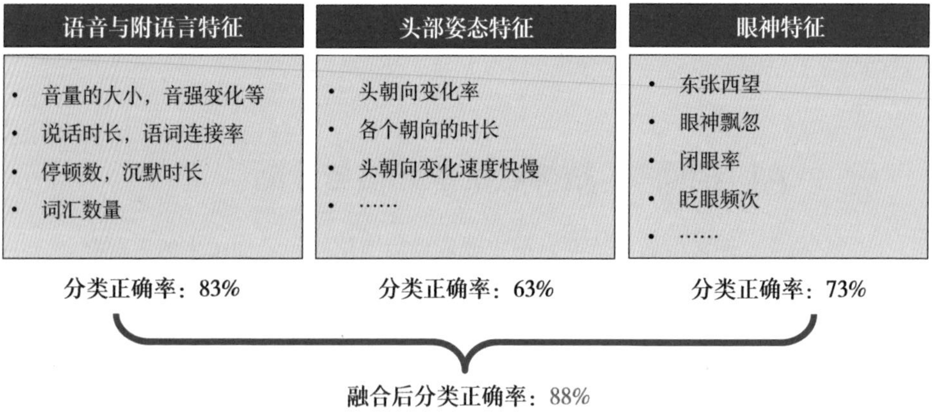

语音与附语言特征

- 音量的大小，音强变化等
- 说话时长，语词连接率
- 停顿数，沉默时长
- 词汇数量

分类正确率：83%

头部姿态特征

- 头朝向变化率
- 各个朝向的时长
- 头朝向变化速度快慢
- ……

分类正确率：63%

眼神特征

- 东张西望
- 眼神飘忽
- 闭眼率
- 眨眼频次
- ……

分类正确率：73%

融合后分类正确率：88%

---

1 数据来源：Sharifa Alghowinem, Roland Goecke, Michael Wagner, Julien Epps, Matthew Hyett, Gordon Parker, and Michael Breakspear. “Multimodal Depression Detection: Fusion Analysis of Paralinguistic, Head Pose and Eye Gaze Behaviors.” *IEEE T on Affective Computing. 10-12 2018*

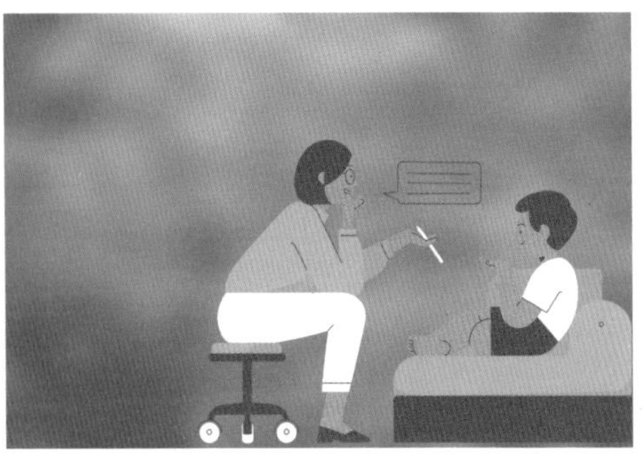

身生活无法完全自理，但如果能够趁早发现并进行干预，就有可能让他们成年后正常、自主地生活。

目前，孤独症的诊断方式是让经过认证的医生与儿童进行45分钟的互动，根据一套名为ADOS的孤独症诊断观察量表打分，然后判断就诊儿童是否患有孤独症。那么，能否利用人工智能技术更好地进行评估，并实现更客观、快速的诊断呢？为此，我们设计了一套人工智能评估流程，希望能够将评估时间从45分钟减少到5～10分钟。

在新的流程中，孩子将观看设计好模式的动画片，或一些进行过实验的范式（已设计出了16种范式）。例如，让孩子同时观看出现人和车的视频，观察他们是否倾向于关注人。同时，我们利用视点估计技术测量他们的视觉偏好，如他们喜欢看向什么地方。我们还会观察他们的表情，判断他们是否具备良好的共情能力，以及他们是否展现出正常的社交偏好。

我们目前正在开发这种技术，并已经收集了大量健康儿童和孤独症儿童的数据。我们希望未来能够开发出这样的系统，通过让孩子观看5～10分钟的视频，就能够评估他们患有孤独症的可能性。

总结以上内容，我们看到人脸识别技术不仅可以识别身份，还能察言观色等。

回顾我的研究历程，我觉得，科技工作者研究什么样的技术，通常应该考虑自己对什么感兴趣，但同时也要关注什么样的技术是社会需要的。

比如，筛查自闭症患儿就非常需要AI技术。帮助医生更快地筛查患儿，找到可能患有自闭症的孩子，这对社会的发展和进步是非常重要的。

思考一下：

1. 说说你在哪些生活场景中会遇到人脸识别技术。
2. 除了识别人脸，人工智能如何实现“读心”功能？
3. 人工智能的“读心”能力都能帮助我们做哪些事情？

演讲时间：2021.5
扫一扫，看演讲视频

能听会说

大数据时代的音频智能

李军锋
中国科学院声学研究所研究员

进入千家万户的智能语音技术

语音技术的研究已经有几十年的历史，随着时间的推移，人们对这一领域和技术有了更深入的了解。

回顾过去，2010年苹果公司推出了Siri系统，它不仅简化了我们与手机的互动方式，而且将语音技术带入了我们的日常生活。此后，国内各大厂商紧随其后，开始开发适应中文的语音输入技术。过去，我们只能依赖键盘打字搜索信息；现在，这件事能够轻松地通过语音输入来实现。

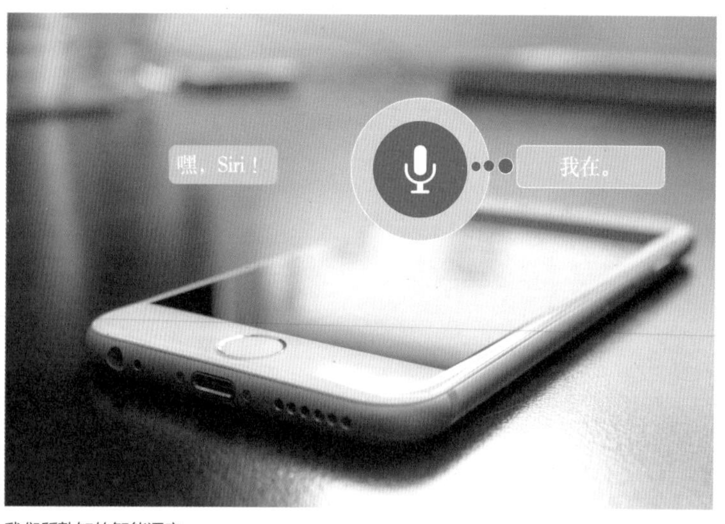

我们所熟知的智能语音

Siri和其他厂商的语音输入技术的应用，使人和机器的交互变得智能和简单。但是，人类对美好生活的向往和追求是无止境的。因此，新的问题就是，我们无法一直拿着设备，当它离我们远一点儿的时候，类似的功能还能实现吗?

事实上，Siri被推出后，许多厂商已经在着手研究和开发无须手持的设备了。2014年，亚马逊推出了Echo音箱；在我国，智能音箱兴起于2016年前后，可以说，几乎所有知名的厂商都加入了智能音箱的研发行列。

智能音箱

现今的智能音箱不仅能听会说，甚至能展示画面（具有屏幕），而且无须手持，它们能够在三五米的距离内实现语音智能交互。许多家庭都拥有智能音箱，而随着普及率的上升，智能音箱的价格也逐渐下降。

智能家电

更有趣的是，许多厂商将语音技术应用于传统家电行业。例如智能电视、智能冰箱、智能空调和智能洗衣机，甚至有厂商将语音技术应用到了油烟机上。在家里，你可以在离电视机三五米远的地方通过语音来控制电视。

我们已经充分地感受到语音技术无处不在，真正融入了日常生活。

智能语音技术的核心技术

智能语音技术包括以下几大核心技术。

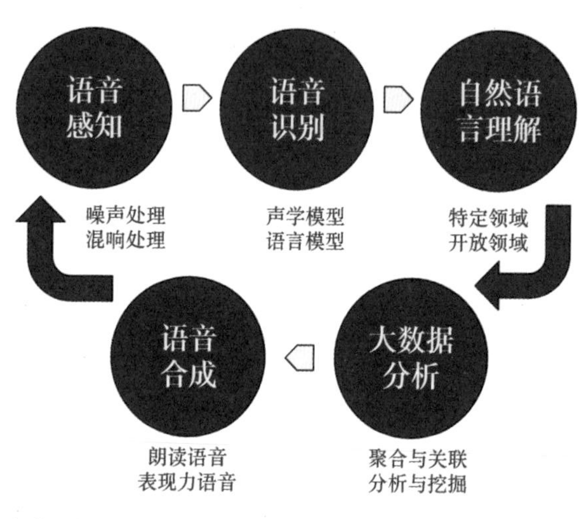

智能语音技术的核心技术

首先是智能感知技术。麦克风采集到的信号不仅包含目标语音信号，而且包含各种各样的噪声、混响等干扰信号。从这些信号里把目标语音信号提取出来，就是智能感知技术。提取出来目标语音信号后，信号会被输送给语音识别模块，从而实现从声音到文字的转化。完成文字转化后，下一个步骤是自然语言理解，也就是把文字包含的意思识别出来。当文字语义被识别出来后，根据不同的应用场景，比如查询天气、查航班、订机票等，机器还要进行大数据

分析。大数据分析的结果将被转化为文字，不过若要实现对话，还需要将文字转化为语音，即进行语音合成。

这就形成了一条完整的智能语音人机对话链路，以上就是目前大热的智能语音技术包含的核心技术。

接下来，我们来一起看看这些核心技术的应用。

语音感知技术成为降噪“刚需”

我们先来看一下语音感知技术。在这个领域，我们一直在努力解决的一个问题就是“鸡尾酒会效应”。

在聚会或酒会这种嘈杂的环境中，人类往往能够相对容易地将注意力集中在他们想要聆听的人的声音上，但对机器来说，如何自动识别出特定的声音或者提取出其感兴趣的声音，是一个非常具有挑战性的问题。即使到了今天，这个问题仍然没有得到很好的解决。

不过，这个问题得不到彻底解决，并不代表我们就无所作为了。

在嘈杂的环境中自动识别出特定的声音是个挑战

其实，在不那么嘈杂的环境中，语音感知技术还是可以使用的，这种情况在实际的生活和工作中更常见。例如，有一段在噪声环境中录下来的音频，我们想把里面的噪声去掉，但是不能影响我们想要保留的目标声音，利用现有的人工智能技术，已经可以实现这样的效果。

这项技术在许多场景中都得到了应用。其中之一就是语音会议系统。如今，很多客观因素（比如距离遥远等），导致许多会议都转为了线上会议。语音感知技术对线上会议至关重要。

多人线上会议

语音感知技术的另一个重要的应用场景就是助听器具。助听器具主要有助听器和人工耳蜗这两大类。

我们都知道，助听

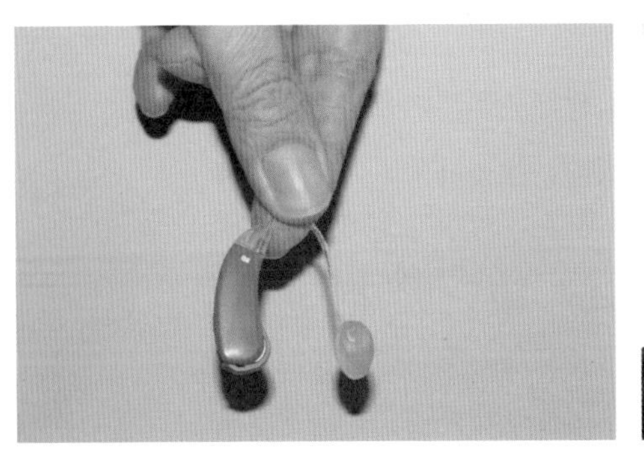

助听器

人工耳蜗

器具能够帮助听障人士更好地听到声音。但助听器具在放大他们需要的声音的同时，也会把噪声放大。我们可以把一套算法放到助听器具里，将他们需要听到的声音放大，把不需要的声音尽量消除，以达到更好的助听效果。

声纹识别vs语音合成

对年轻人来说，智能语音技术有一个非常有意思的应用——给动画人物形象配音。熟悉“二次元”的朋友应该都知道虚拟主播。但你知道吗，虚拟主播的声音不是事先录制好的，而是用计算机合成出来的。现在计算机的人工智能技术已经能够把语音合成做得惟妙惟肖。不管是男声还是女声，合成的声音在音质、韵律等方面都非常接近

配音

真实的人声，足以以假乱真。如果我给你播放两段声音，一段是用人声录制的，另一段是用人工智能合成的，仅凭耳朵，你会很难分辨两者。

人工智能能“说”人话，那么，反过来，它能“听”出人话吗？例如，评书大师单田芳先生的声音具有非常高的辨识度，我们甚至只听到他的咳嗽声，就能立刻知道是单田芳老师开讲了。机器能从众多的声音中判断出某句话是由谁说的吗？答案是肯定的。因为在一个语音信号中，除了包括内容信息（说话者说了什么）之外，还包括说话者的身份信息。这项技术类似用指纹辨别身份，因此被称为声纹识别，也被称为说话人识别。

研究声纹识别有什么用呢？一个非常重要且有意义的应用就是防范电信诈骗。如今，电信诈骗屡禁不止，犯罪分子通过在电话中说一些假话来骗取人们的钱财。通过声纹识别技术，人工智能可以准确地“听”出电话的另一边是不是犯罪分子在说话，并帮助警方抓捕这些坏人。

不过，语音合成做得越好，声纹识别面对的挑战就越大。这两种技术就像矛与盾一样，相互对立又相互促进。

电信诈骗

“听”出心脏病

我们接听电话时，如果对方戴着口罩说话，我们就会听得不清楚，这会在一定程度上影响我们对所听内容的理解。“戴口罩对语音信号的影响”这个生活场景已经被研究人员注意到了。

美国一个科研机构针对口罩对语音信号的影响进行了研究。研究人员对不同类型的口罩对语音信号的影响进行了详细的分析并发现，戴口罩对语音信号的高频部分影响比较大，也就是说从大约2000赫兹开始，语音信号的衰减现象就变得比较显著。

我们日常打电话交流时，语音信号通常处于300～3400赫兹这个频段范围内。如果2000赫兹以上的信号出现显著衰减，那么可以想象，声音的质量会受到严重的影响，可能会导致我们听不清楚或理解困难。这一研究成果对许多智能语音应用也都有着重要的意义。例如，对家里的智能音箱来说，人们不戴口罩时对它说话，它可以正常工作，但一旦人们戴上口罩，它就不好使了。这是因为语音信号的质量发生了变化，从而影响了智能音箱的识别和响应。

从上面的例子中，我们可以发现一个规律，那就是声音信号的改变会提醒我们声音的来源可能有了异常。这个规律的一个应用，几乎每个人都非常熟悉：我们去看医生时，医生会用听诊器来听我们的心跳声或者呼吸声是否异常，以此作为判断我们是否生病的依据。

心音诊断

那么，医疗应用领域的心音诊断可否通过人工智能技术实现智能化？答案是可以的。现在，研究人员借助人工智能技术，可以对医生的经验进行量化，并开发出一套智能化的心脏诊断系统。这套系统能够分析心跳声，并通过人工智能算法快速判断就诊者是否可能存在心脏疾病。这样的智能化诊断系统可以作为医生的辅助工具，帮助提高心脏疾病诊断的准确性和效率。同时，它也为心脏疾病患者提供了更早的疾病筛查和诊断机会。

未来，借助声音治疗抑郁症？

声音方面的人工智能在医疗上还可以有更多的应用吗？一位朋友的经历启发了我去探索一个研究方向：用声音治疗抑郁症。

去年，我的一位朋友突然被确诊抑郁症。一开始，我以为他只是情绪低落，一段时间后就会好起来。然而，过了一段时间，专业

医生确诊他患有重度抑郁症，他每个月都需要去医院开很多药，并且抑郁症严重地影响了他的学习、工作和生活。

在我与他的交流中，他提到晚上睡不着觉时，会听有声小说等声音作品，这些声音对他的失眠有一定的缓解作用。

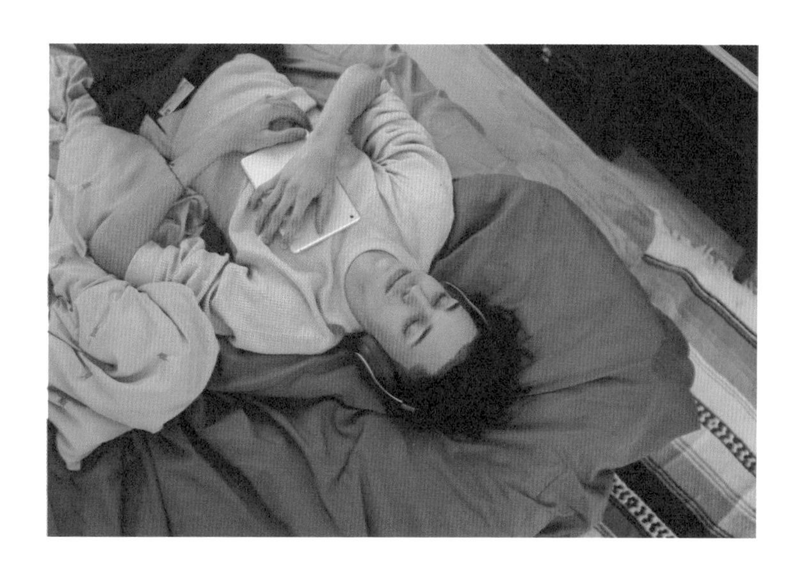

作为一个研究声音的人，我立刻联系了北京的医生和相关的科研人员。我带着这位朋友去了几家医院和专门从事相关研究的机构。其中一家医院还设有专门的声音诊室，里面有各种各样的乐器。医护人员把所有的乐器都搬出来，让他试了一遍，看哪一种声音对他有舒缓、疏解的作用。

当然，我相信在整个抑郁症的治疗和康复过程中，单纯的声音干预可能是不够的，患者还需要其他的干预手段。但声音在治疗过程中确实起到了非常重要的作用。

我希望，我的研究将来能够回答这样一个问题：可否利用包括声音在内的多模态信息对抑郁症患者进行初步筛查，并利用人工智能技术制定个性化的康复治疗方案，甚至是以声音为主的治疗方案，以帮助他们尽快恢复到正常的生活状态？这将是一个非常有意义的研究方向。

思考一下：

1. 语音技术的核心技术有哪些？
2. 音频智能技术能帮助我们做哪些事情？

演讲时间：2021.5
扫一扫，看演讲视频

人工智能
打游戏是件正经事儿

兴军亮
中国科学院自动化研究所

电子游戏是好是坏?

电子游戏多年来一直备受争议。很多家长将电子游戏视为洪水猛兽。当然，玩游戏的人沉迷游戏有其非常负面的影响。不过，游戏本身并非只有“坏”的一面，它还能帮助人工智能提高“智商”。

从判断“是什么”到推理“为什么”

我们日常使用智能手机时，经常能用到人脸识别、美颜等功能。这些功能里就包含了所谓的“算法”，这些算法被称为“感知算法”或“感知智能”，它们基本上是在教人工智能识别“是什么”，即识别图片里是张三还是李四，是车辆还是桌子等。如果只是让人工智能学会识别“是什么”这类本领，离人们最终想达到的人工智能目标可就相差甚远了。

2016年，AlphaGo横空出世。我们发现，让计算机下围棋这件事

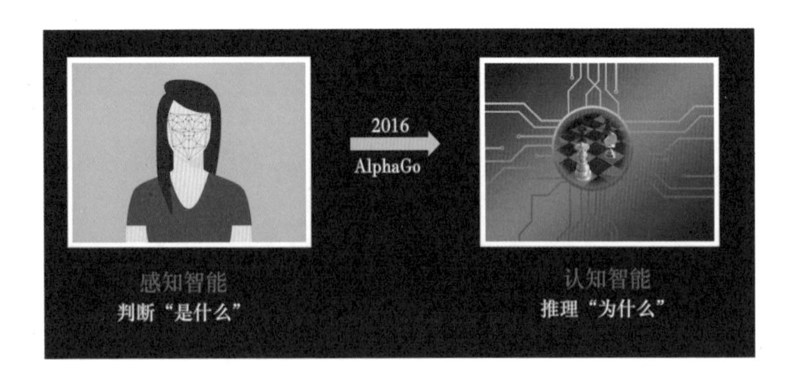

情其实是在解决一个更重要的问题——“认知智能”。即它不光要知道“是什么”，更要知道“为什么”。它要一步一步地去做，去明白为什么这么做就会赢。

幼狮从玩耍中获得捕猎技能

对人工智能来说，玩游戏真的是件“正经事儿”。因为游戏是现实世界一些现象和规律的有效模拟，非常适合用来研究一些基本的科学问题。

孩子从搭积木等游戏中获得逻辑思维

我们可以先简单理解一下游戏对自然界中生物体智能的作用。一些动物，比如小狮子，它在自己能去独自捕猎之前，都要和自己的同伴嬉戏打闹，以学习捕猎的本领。人类更是这样，我们小时候玩积木、拼图、过家家等小游戏，其实都是在学习观察这个世界，学会推理，学会与人交流等各种能力。由此我们可以看到，游戏对生物智能的发展起着极为重要的作用。那么，对人工智能来说，游戏也有可能是它发展的一个必要条件吗？

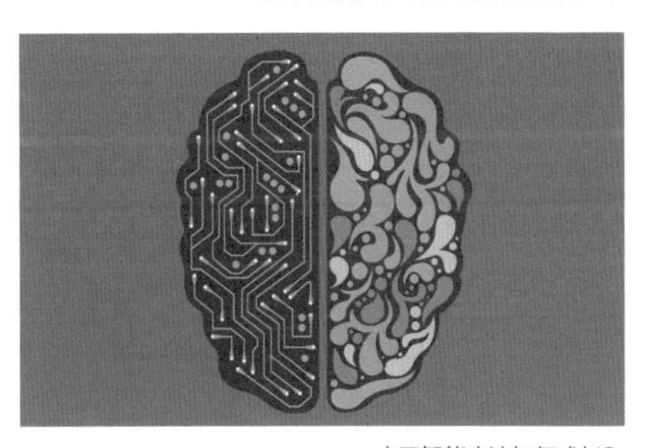

人工智能应该如何成长？

实际情况是，在人工智能的整个发展历程中，游戏确实一直与人工智能的进化密切相伴，发挥着重要的作用。

人工智能领域非常有名的“图灵测试”，本身就是一种游戏，让人和机器进行互动，判断其回答的真实性，从而考察机器智能的水平。

人工智能玩游戏的历史

早在20世纪50年代，被称为“人工智能之父”的英国科学家艾伦·图灵提出了一种测试机器是否具备人类智能的方法，也就是我前面说到的“图灵测试”。

这项测试的过程是这样的：将测试者与被测试者（一个人和一台机器）隔开，测试者通过一些装置（如键盘）向被测试者随意提问，如果测试者没办法分清楚回答问题的是机器还是人，那么这台机器就被认为通过了图灵测试。

随后，在1952年，图灵设计了一款国际象棋程序，这是人类历史上第一次运用程序化方法来解决游戏的问题。

紧接着，1959年，另外一位非常重要的研究者、算法设计师，被称为“机器学习之父”的亚瑟·塞缪尔，在IBM的首台商用计算机IBM701上编写了一款具有一定自学能力的程序。他让这个程序学下西洋跳棋。一段时间后，塞缪尔就发现自己已经下不过这个程序了。于是，他让程序继续学习，到了1962年，这个程序已经具备了击败美国州级冠军的能力。这也是人工智能史上一个里程碑式的事件。这是第一次，一个人工智能或者机器学习的程序，在一个比较复杂的游戏中击败了人类的高水平选手。

事实上，在人工智能发展的不同阶段，游戏一直被用作测试实验场。1996年，IBM的超级计算机“深蓝”（Deep Blue）使用一种改进的搜索化程序，以2胜1负3平的成绩战胜了当时世界排名第一的国际象棋大师加里·卡斯帕罗夫，一时间轰动全球。虽然我们现在知道，深蓝的胜利应该更多地归功于其强大的计算能力，而非其具备了智能或学习能力，但它在当时已经能够每秒评估超1亿个棋局，使世界冠军也甘拜下风。

到了2016年，人工智能领域发生了大家都非常熟悉的事情——AlphaGo围棋程序战胜了围棋九段李世石，随后又战胜了围棋界排名世界第一的柯洁。AlphaGo采用了深度强化学习技术，使其具备了更高的智能水平。相比深蓝每秒能够评估超1亿个棋局，AlphaGo能够在每秒进行约6万次搜索的情况下，就找到非常好的对策；但与人类在每秒仅搜索一两次的情况下就做出决策相比，AlphaGo的智能水平还远远不够。

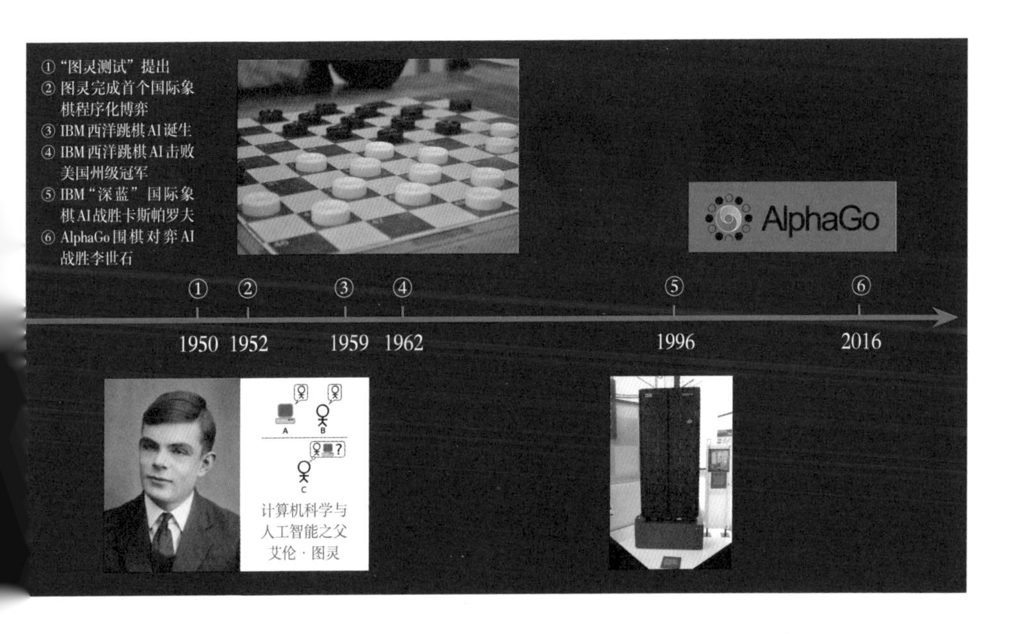

光会下棋还远远不够

虽然AlphaGo在围棋这个人类最复杂的棋类游戏中战胜了人类的顶尖高手，但是它是否已经解决了真实的人工智能问题呢？远远没有。

围棋这个游戏其实还是非常简单的，它有着明确的规则、确定的边界，并且对弈双方都可以看到整个盘面的信息。它跟现实世界中实际的决策问题还相差甚远。我们给围棋评估的决策复杂度大概是10^{360}，而一些开放环境下的现实决策问题，复杂度会远远超过10^{10000}。

真实世界的决策问题具有更多的不确定性，各种复杂要素相互关联、影响。解决这些问题需要更广泛的知识、更强的推理和决策能力，以及对环境变化和未知情况的适应能力。

确定边界，简单规则
完全信息，胜负易判

围棋决策复杂度
$\sim 10^{360}$

开放环境，复杂规则
误导欺骗，胜负难断

现实问题复杂度
$>>10^{10000}$

比如，举办一场人工智能大会可能要涉及许多个决策环节，需要人们去安排、协调各种事务。这是一项复杂的任务，如果让AlphaGo去安排，它肯定无法胜任。但是我们人类就能够很好地、有条不紊地把大会组织起来。因此，现有的人工智能技术离能够解决现实世界中的决策问题还有很大的差距。

那么，如何从百级的指数复杂度跨越到万级的指数复杂度呢？这就需要一些新环境去测试。这个新环境就是游戏，而且是电子游戏的形式。

我们常玩的电子游戏（如《王者荣耀》《星际争霸》《刀塔2》等）的复杂度在 $10^{1000}\sim10^{10000}$，它们非常适合用来训练人工智能，以缩小与现实问题在复杂度方面的差距。

因此，在人工智能研究的不同历史时期，会选择不同复杂度的游戏作为技术试验场，以测试人工智能技术面临的主要难题。

为什么游戏适合用来训练人工智能？

为什么游戏会具有训练人工智能的特性呢？总结下来，我们会发现游戏其实有很多优点，包括真实模拟、确定边界、上帝标准、无损探索以及有趣益智。

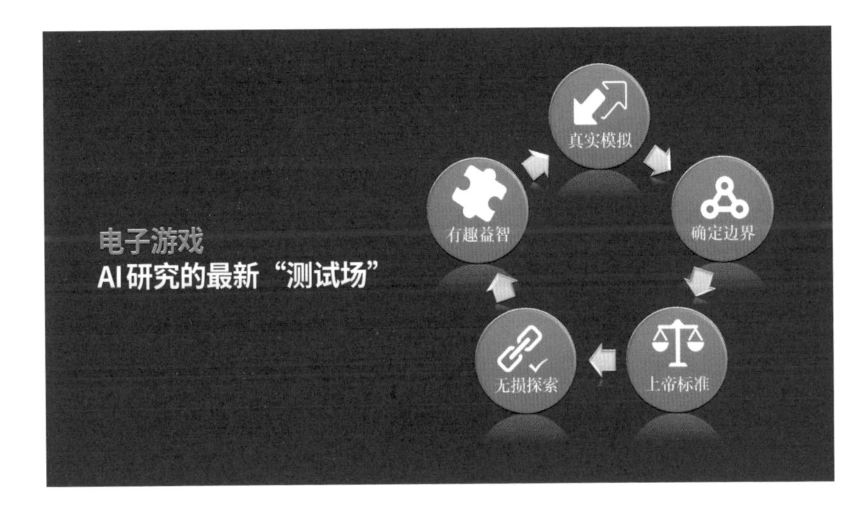

这里解释一下上帝标准和无损探索。上帝标准指的是，游戏评测程序可以从上帝的视角对游戏参与者进行公正评估。这种评测方法可以提供客观的标准，使研究者能够非常便利地计算游戏AI的智能水平。

而游戏的无损探索指的又是什么呢？即在游戏环境中的各种动作，包括打打杀杀，都不会对实际生活产生任何伤害。这使得人工智能能够任意地探索，任意地做出各种选择，进行各种实验，并从中学习和改进自己的表现。

在人工智能训练过程中，小游戏、德州扑克和麻将等相对简单的游戏也起到了重要作用。下面我们就来看看这些游戏是如何训练人工智能的。

小游戏、德州扑克和麻将：简单而有效的训练

首先是最简单的单机小游戏。这类游戏大都是由一个叫雅达利的外国公司开发的，它可以说是现代游戏主机的鼻祖。小游戏有各种各样的类型，包括探索类、竞速类、动作类、射击类、策略类等。不同的分类能够帮助人工智能学习不同的能力。

人工智能学习玩小游戏的方式，跟人类是完全一样的。我们让机器只能看到游戏画面，并限定它只能输出特定的动作，如上、下、左、右、跳跃等。唯一指引机器去学习的动力或者信号，就是它偶尔会得到的一些分数或奖励。

然后人工智能程序为了最大程度地去获取分数，就会在游戏里面不断地试验和探索，等它找到合适的动作的时候，就会去调整它背后的神经网络模型（可以理解为模拟人类大脑的数学模型），以做出更敏捷、更智能的动作，并不断学习改进。

在这些小游戏上，人工智能程序都能达到人类的操作水平，甚

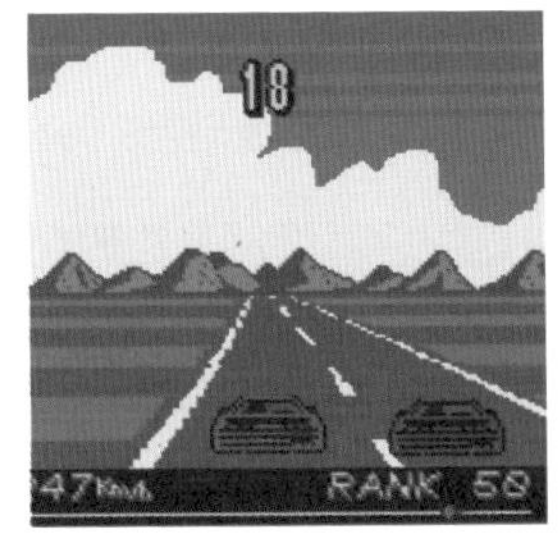

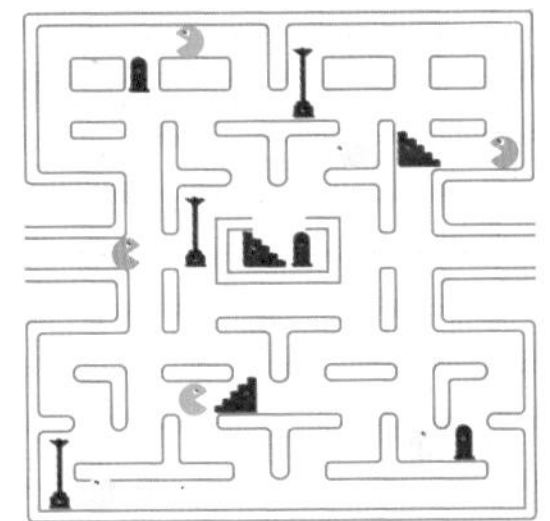
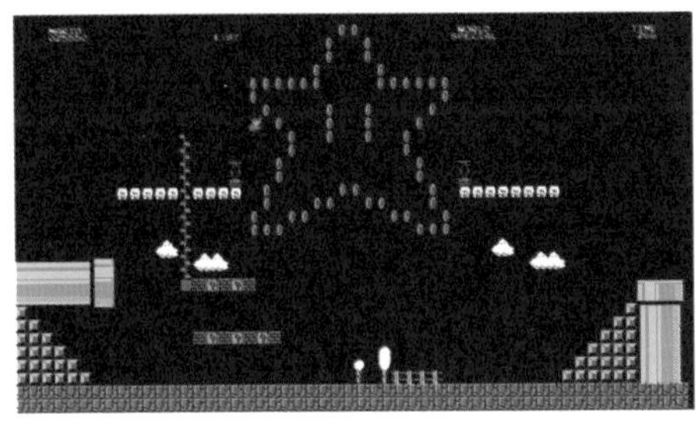
不同类型的单机小游戏

至比人类做得更好。下面我用一个探索类小游戏作为例子，来解释一下为什么游戏会对训练人工智能产生帮助。

右下图是一个典型的探索类小游戏，里面的智能体（戴帽子的小人）一开始就站在中间那段梯子的上面。它的目标是要走出这个迷宫，而要走出这个迷宫就必须通过右边那扇门，要想走出那扇门就必须拿到左边那把钥匙。然而，迷宫最下面有一个骷髅头，一旦碰到它游戏就会失败。

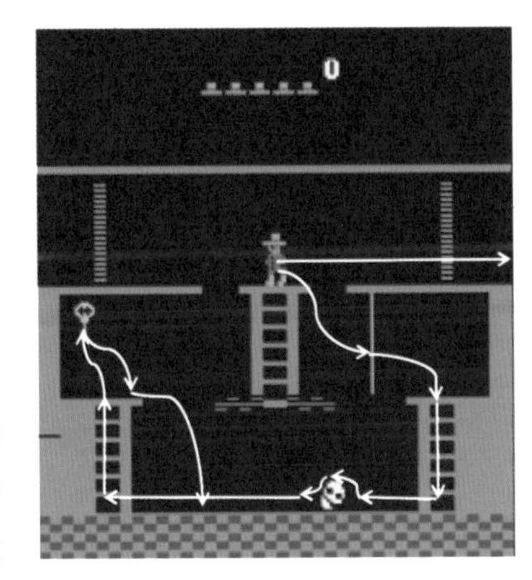

一开始，智能体对游戏的规则和环境一无所知，只能在里面不断地试验。经过多次尝试之后，智能体逐渐发现了一条有效的路径。智能体首先爬到中间梯子的底端，然后跳起来抓住右边那根杆子，借助杆子跳到右下方的梯子上，顺着这段梯子爬下去并成功避开骷髅头，爬上左边的梯子，取得钥匙。接着，智能体爬下梯子，跳过骷髅头……原路返回，最终从右边的门走出迷宫。

在这个复杂的决策过程中，智能体需要不断摸索如何一步步前进，并逐渐理解为什么要这么走，通过试错和反馈，不断调整策略，改善自己的表现。而人类在平时生活工作中也会遇到很多类似的情况。比如当面临很多选择的时候，怎么一步步地试验？当失败的时候该怎么办？当有很多选项的时候怎么去选择？这都跟这类小游戏背后的原理很像。因此，通过研究这类小游戏，我们可以帮助人工智能更好地理解人类的决策过程，同时在人工智能不断变聪明的过程中了解人的智能是怎么形成的。

除了小游戏，作为人工智能训练师，我们还开发了一款德州扑克人工智能程序。德州扑克的游戏规则很简单，每个玩家先发到2张底牌（只有自己看得到），然后5张所有人都能看到的公共牌被发到桌子上。每个玩家拿着自己的2张底牌与5张公共牌去组合出5组最大的牌，谁组合出的牌最大谁就赢。游戏一般有4轮决策。德州扑克的复杂度跟围棋差不多，都是10的百次幂。

这个游戏的难点在于每个玩家手上都有2张底牌。即使底牌较小，玩家也可以通过假装拥有很大的牌，押注较大的筹码，吓唬对手。这涉及不完全信息的博弈问题，非常有趣。

那么，怎么让人工智能学会打这种游戏呢？我们用了十几台电脑，并且每台电脑都配备了8个GPU[1]，用来提供强大的算力。然后，我们让人工智能程序不断地与自己对局，经过20多天的时间，总共进行了约1亿次的对局。通过这样的大规模自我对局，人工智能积累大量的游戏经验，逐步提高自己的技能和胜率。

---

1 图形处理器（graphics processing unit，缩写：GPU），又称显示核心、视觉处理器、显示芯片，是一种专门在个人电脑、工作站、游戏机和一些移动设备（如平板电脑、智能手机等）上做图像和图形相关运算工作的微处理器。

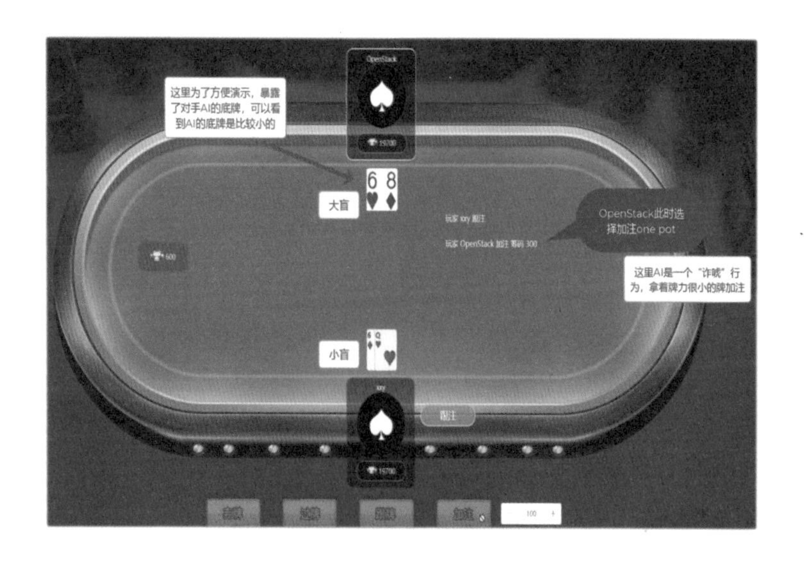

在上图展示的情况中，我们可以看到，人工智能手中拿着牌面为6和8的不同花色的底牌，这2张牌实际上非常小。然而，人工智能故意押了一个很大的注。这实际上是人工智能在虚张声势，用游戏的专业术语说，就是“诈唬”，即通过吓唬的方式让对手认为自己手中的牌非常强，从而主动放弃牌局。然而，对手并没有完全

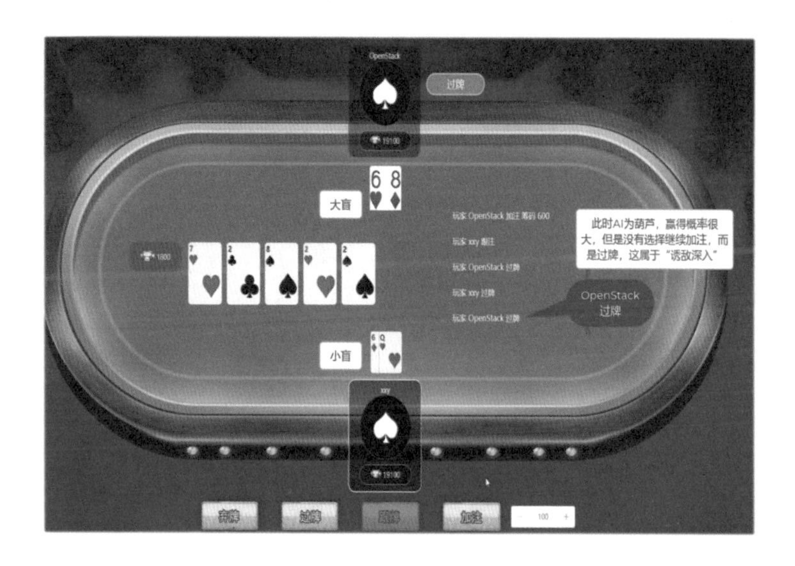

被吓跑，而是决定继续参与比赛。

之后，人工智能用自己的牌跟5张公共牌组合，拿到了一对8，在这种情况下，牌面已经很大了，但这时它又假装自己很弱，没有押很大的注，因为它生怕把对手吓跑了。这里它又要了一个心思，叫作诱敌深入，最后人工智能赢得了更多筹码。

通过这个例子我们可以看到，人工智能能够学习并运用一些类似人类专业选手才会有的计谋。

我们还做了一款麻将人工智能程序。我们给这个游戏选择的环境设定是国标麻将，规则跟平时玩的麻将差不多。

麻将和德州扑克有一个共性，就是都会有私有信息。麻将的私有信息就是每个玩家手中的13张牌，即总共有42张私有牌。因此，相比德州扑克，麻将更复杂，因为它的不完全信息程度更高。通常打完一轮麻将需要几十个回合，所以它的决策过程也更复杂。

我们做这个麻将程序时，不想再像德州扑克程序那样靠那么多机器去计算，因为这样特别耗电。我们希望在算力有限的

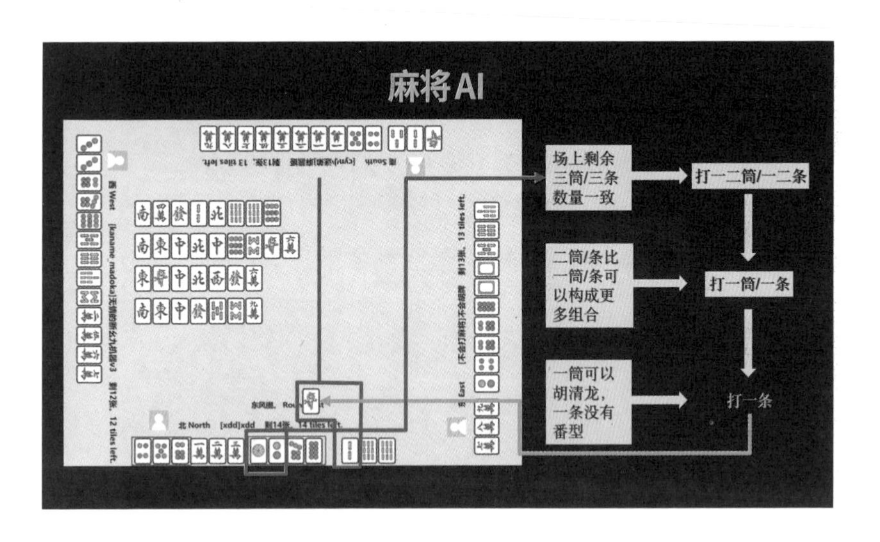

情况下，通过算法的改进和升级，尽快让人工智能达到比较高的水平。

对页图展示了人工智能在学习了几天麻将后，在某个具体的盘面下做出的决策。如果对麻将有一定了解的人，特别是经常玩麻将的人，可能很容易看出人工智能在这个时候选择打出“幺鸡”的决策是经过深思熟虑的。它考虑到了各种可能赢的概率，这种决策的周全程度已经达到了人类高手的水平。

多智能体的游戏AI

在前面的麻将、德州扑克和单机小游戏中，我们做的工作只是让单个智能体学习。实际上，现实中的很多问题需要多个智能体一起学习，而且它们要相互配合。所以，我们又选了《王者荣耀》这款游戏作为研究的对象。《王者荣耀》是一款非常流行的游戏，它的基本设定是5个有不同技能的英雄组队跟另外5个英雄组成的队伍对战。

我们让人工智能通过自我博弈的方式进行学习，即让人工智能自己与自己对战。在这个过程中，我们观察到一些有趣的现象。例如，3个英雄为了攻击对方的防御塔，会轮流上前攻击，轮流承受伤害，以确保自己的血量不会一下子被消耗完，从而保存团队力量，达到更好的游戏效果。

同时，由于人工智能是自己跟自己打，这种策略很容易被对方学会用来克制己方。所以人工智能在对抗时会集中火力打击对方血量最少的英雄，以迅速消灭它们，从而阻止对方对己方造成进一步伤害。

从游戏到终极人工智能

通过前面的例子，我们能体会到游戏为人工智能训练提供了非常理想的试验场，帮助人工智能获得了很多技能。那么，这些通过训练收获的人工智能技术能否应用到现实中呢?

其实，这些人工智能技术在各行各业都有非常广泛的应用。当然，最直接的还是游戏产业。通过把人工智能技术引入游戏设计、测试以及上线运行的过程中，游戏人工智能能更聪明，游戏内容能更有趣，游戏情节能更吸引人，玩家能拥有更丰富的游戏体验。然而，引入人工智能技术也带来了一些挑战和忧虑。例如，学生可能更容易被游戏吸引，因此需要更严格的防沉迷措施来保护他们的健康。

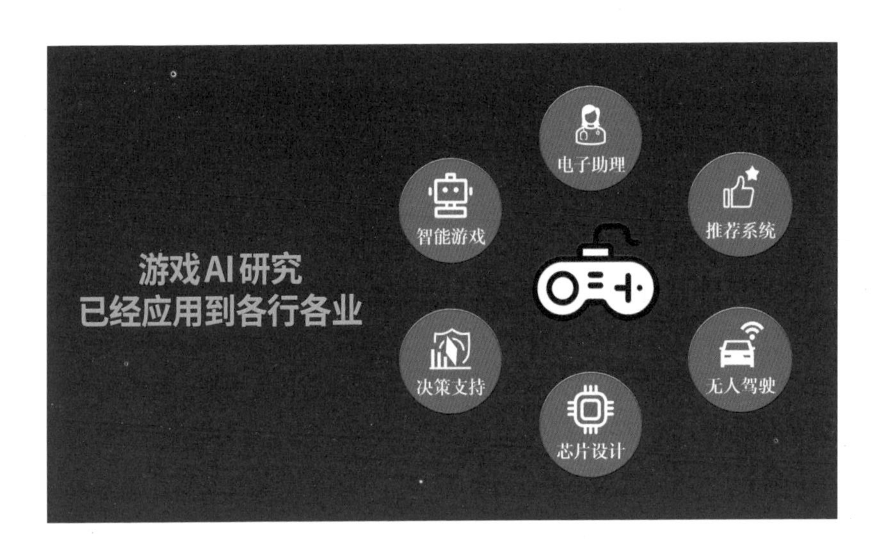

除了游戏产业，所有需要做出持续决策的领域都是游戏人工智能技术的应用场景，包括个人电子助理、推荐系统、无人驾驶、芯片设计、决策支持等。

游戏AI的应用范围很广，但在人工智能这个领域有一个很明显的现象，那就是正如人工智能学家、图灵奖获得者约翰·麦卡斯所说的，“一旦一样东西用人工智能实现了，人们就不再叫它人工智能了”。所以，对我们人工智能的研发者来说，这意味着一旦一个目标成功实现了，我们就要马上投入实现另一个目标的工作中去；这也意味着，人工智能的研究将持续不断地进行下去，直到最终实现真正的、终极的人工智能。

思考一下：

1. AlphaGo 围棋 AI 程序为什么相对于深蓝国际象棋 AI 程序要“聪明”很多？
2. 为什么游戏适合用来训练人工智能？
3. 为何说“一旦一样东西用人工智能实现了，人们就不再叫它人工智能了”？谈谈你的想法。

演讲时间：2021.5
扫一扫，看演讲视频

AI大模型与生物医学的未来

陈润生
中国科学院院士

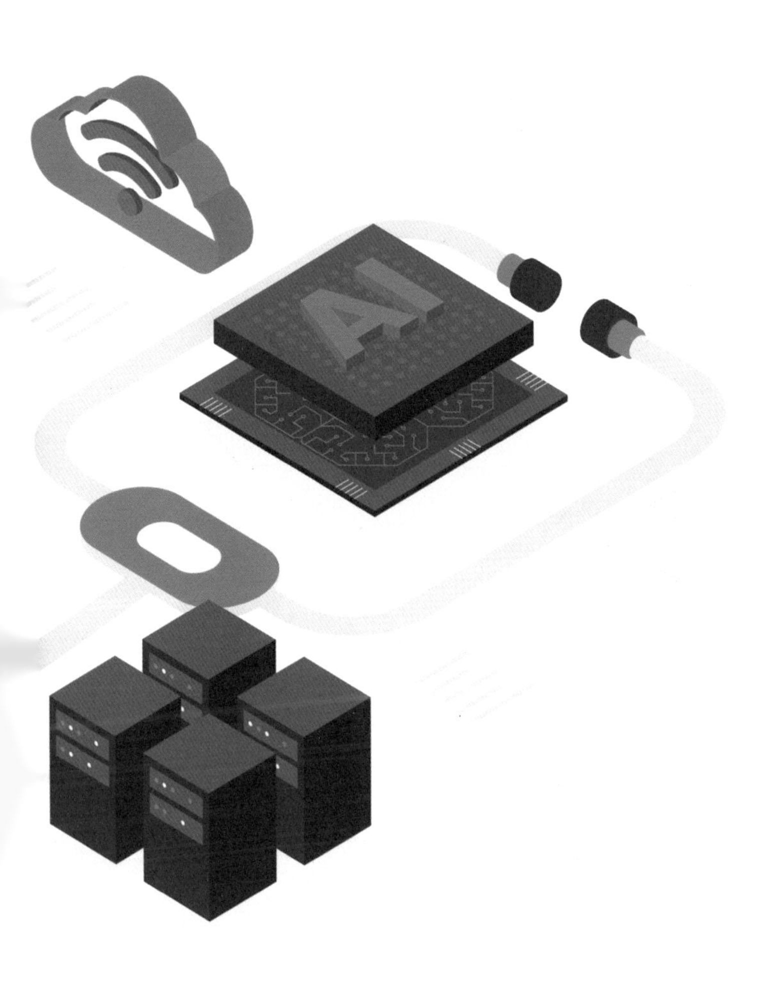

人类基因组计划标识

我很荣幸参加了破译人类遗传密码的工作，也参与了水稻遗传密码的破译。正因为这些遗传密码的破译，我们人类第一次能够知道我们一代传一代、从小长到大的信息存在哪儿？它是什么样子的？要怎么破解？这个发展过程实际上只有几十年的历史。

从我参加人类基因组计划，分析遗传密码的生物信息，到现在已经有30多年了，我想和你分享我的一些体会。

人是由很多细胞构成的，原则上，遗传密码存在于每个细胞里。换句话说，人有数以万亿计的细胞，几乎每个细胞里都有一份遗传密码。

CCGGTCTCCCCGCCCGCGCGCGAAGTAAAGGCCCAGCGCAGCCCGCGCTCCTG
CCCTGGGGCCTCGTCTTTCTCCAGGAAAACGTGGACCGCTCTCCGCCGACA
GTCTCTTCCACAGACCCCTGTCGCCTTCGCCCCCCGGTCTCTTCCGGTTCTGTCT
ITTCGCTGGCTCGATACGAACAAGGAAGTCGCCCCCAGCGAGCCCCGGCTCC
CCCAGGCAGAGGCGGCCCCGGGGGCGGAGTCAACGGCGGAGGCACGCCCTCTGT
GAAAGGGCGGGGCATGCAAATTCGAAATGAAAGCCCGGGAACGCCGAAGAAGC
ACGGGTGTAAGATTTCCCTTTTCAAAGGCGGGAGAATAAGAAATCAGCCCGAG
AGTGTAAGGGCGTCAATAGCGCTGTGGACGAGACAGAGGGAATGGGGCAAGG
AGCGAGGCTGGGGCTCTCACCGCGACTTGAATGTGGATGAGAGTGGGACGGTG
ACGGCGGGCGCGAAGGCGAGCGCATCGCTTCTCGGCCTTTTGGCTAAGATC
AAGTGTAGTATCTGTTCTTATCAGTTTAATATCTGATACGTCCTCTATCCGAGGAC
AATATATTAAATGGATTGATCAATCCGCTTCAGCCTCCCGAGTAGCTGGGACTAC
AGACGGTGCCATCACGCCCAGCTCATTGTTGATTCCCGCCCCCTTGGTAGAGACGG
GATTCCGCTATATTGCCTGGGCTGGTGTCGAACTCATAGAACAAAGGATCCTCC
CTCCTGGGCCTGGGCGTGGGCTCGCAAAACGCTGGGATTCCCGGATTACAGGC
GGGCGCACCACACCAGGAGCAAACACTTCCGGTTTTAAAAATTCAGTTTGTG
ATTGGCTGTCATTCAGTATTATGCTAATTAAGCATGCCCGGTTTTAAACCTCTT
AAAACAACTTTTAAAATTACCTTTCCACCTAAAACGTTAAAATTTGTCAAGTG
ATAATATTCGACAAGCTGTTATTGCCAAACTATTTTCCTATTTGTTTCCTAATGG
CATCGGAACTAGCGAAAGTTTCTCGCCATCAGTTAAAAGTTTGCGGCAGATG
TAGACCTAGCAGAGGTGTGCGAGGAGGCCGTTAAGACTATACTTTCAGGG
ATCATTTCTATAGTGTGTTACTAGAGAAGTTTCTCTGAACGTGTAGAGCACC
GAAAACCACGAGGAAGAGAGGTAGCGTITTCATCGGGTTACCTAAGTGCAGTG
TCCCCCCTGGCGCGCAATTGGGAACCCCACACGCGGTGTAGAAATATATTTTAAG
GGCGCG

大家经常提到“克隆”，为什么一个细胞就能长成一个个体?克隆牛、克隆羊之所以能够培育成功,就是因为细胞里有遗传密码。只要条件合适，一个细胞就能够被培育成一个完整的个体。遗传密码实际上是一条非常长的链，这条链没有分叉，上面只有4种符号，即A、T、C、G。

对页下方是一段真实的人类遗传密码。我有，你也有。如果在你还没有出生时把这段遗传密码切掉，你就无法出生了。这段遗传密码里有决定人体功能的一些蛋白质的信息。

人的遗传密码非常长，有30亿个，其中只有前面提到的4种符号反复出现。1990年，人类基因组计划在全世界展开，这实际上是一项集中全世界科学家的智慧和能力来破译人类遗传密码的工作。

遗传密码测出来后,怎么解读它? 这是一个问题。要想解读它，就要挖掘遗传密码当中的信息，也就是要把用符号表示的信息转化为了解生命功能的钥匙。这个过程叫作生物信息学，这实际上是为破解遗传密码而产生的一门学科。

如何挖掘生物医学大数据中的信息?

这门学科就是要把遗传密码搞清楚，从而让我们了解人类不同于其他物种的地方、哪儿有缺陷，或者一个人为什么会生病、为什么会有肿瘤、肿瘤为什么突变了等一系列问题。我们把这些数据称作组学数据，把人类遗传密码称作基因组。

我们可以收集人们其他方面的大数据，包括转录组、蛋白组等，这促使生物医学相关的很多数据都成了大数据。以电子病历为例，每个人去医院看病时，医生都要记病历。现在有了大数据的概

生物医学大数据

基础数据	姓名、性别、年龄、治疗记录（手术、药物、对药物的反应等）……
生理、生化检测	心电、血压、血糖、血脂……
影像资料	超声、核磁、CT、PET……
组学数据	基因组、转录组、蛋白组、代谢组、表观组……
处治数据	用药、手术……
环境资料	微生物、大气、水文、地质、辐射……

念，我们可以把成千上万人的电子病历集中在一起，看看有没有具有规律性的东西。

再如，我们可以穿特殊的背心或戴特殊的手表来记录心跳、血压、血氧等生理指标。我们的超声、核磁等检测结果，以及我们肠道里寄生的微生物，空气、水、土壤中的污染物等跟健康有关的东西都可以变成大数据。

现在，我们已经有了各种各样的数据。如何把这些数据放在一起进行深入挖掘，从而对一个人的健康状况做出准确的判断？这是现在大数据时代一个非常关键、迫切需要解决的问题。我们能够检测的数据越来越多，甚至连遗传密码都可以检测了，要怎么挖掘其中的信息呢？

这些数据彼此差异很大。比如，电子病历是用文字记录的，属于自然语言记录。血压、脉搏是波形，超声、核磁检测的结果是影像，遗传密码是字符串。怎么把这些数据放在一起，是一个非常大的难题。

如果用数学、物理的语言处理这些数据，那就太复杂了，我们很难像数学家、物理学家那样用公式把这些数据表述出来。怎么办呢？

其实，我们面对着这些数据，就像面对着一个暗箱（黑箱）。我们测了好多数据，知道这个人哪儿不舒服，但原因是什么？这个原因就是暗箱，我们要破解这个暗箱。

而这样的工作或研究方式，实际上和人工智能中一个非常重要的基本模式“深度学习”是一样的。所以，人工智能是我们处理生物医学大数据时一个非常合理、可利用的工具。

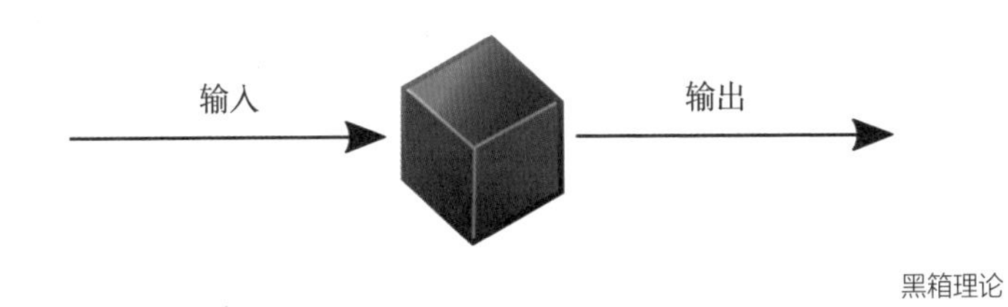

黑箱理论

我们都关心人工智能在各个领域的应用。我们知道人工智能可以下围棋，甚至打败了九段围棋手。它还可以做很多其他的事，比如在生物领域帮助我们预测生物大分子的结构，并且预测的结果跟实验做出来的差不多，人工智能还可以帮助我们看病理影像。

但是，会下围棋的人工智能不会看病理影像，也不会预测生物大分子的结构。我们的要求是，它不仅能下围棋，并且能够帮助我们预测生物大分子的结构，帮助我们去看病理影像。让这样的人工智能成为现实，就是我们追求的目标。我们希望人工智能能够完成多种多样的任务，可以把很多数据集中到一起，统一来分析。

大模型给生物医学带来的影响

你一定知道一个最近非常热门的话题，那就是人工智能进入了大模型时代。也就是说，人工智能已经从只能做一件事发展成可以同时处理多件事，我们把这样的人工智能新发展叫作搭建了人工智能“大模型”。

什么是大模型？大模型就是把宽泛的、不同的数据综合在一起进行分析。下面我们来简单地讨论一下现阶段大模型的进展以及它对整个生物医学发展的影响。

实际上，不管是现在的人工智能还是大模型，其基本原理都是模仿人脑。人脑有很多神经元，很多神经元连起来，就构成神经回路，从而能够做很多事。现在，我们只是把局面做大，把事情做复杂，基本原理并没有变。

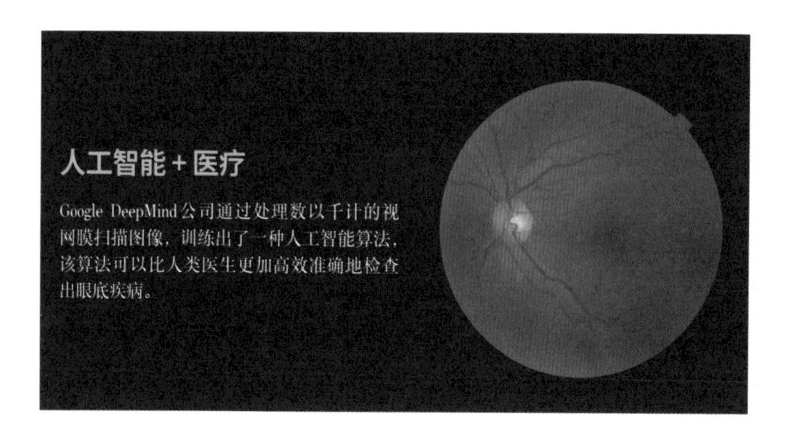

现在的大模型可以把许多事都放在一起做，而且可以考虑到事情之间的相互影响。这样的处理方式或能力在人工智能发展中是突破性进展，因此才引起了广泛的注意。我想很多人试过用大模型来替自己写一段文字、画一幅画。

其实，大模型的理论基础在几十年前就已经确定了，基本上依赖于两个方面的理论。一个是我前面提到的神经网络模型，它是由杰弗里·辛顿的团队在20世纪80年代初实现的。另一个是概率统计的抽样方式[1]，它是由弗莱德·贾里尼克的团队研发的。

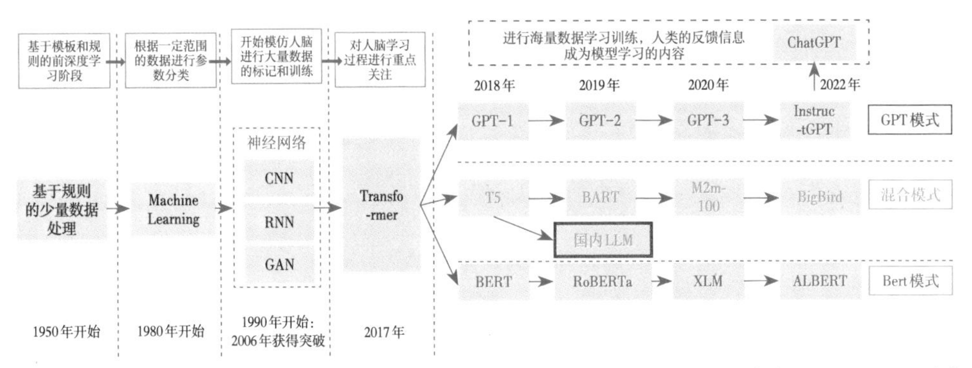

大模型的技术路线主要包含 Bert、GPT 和混合[2]

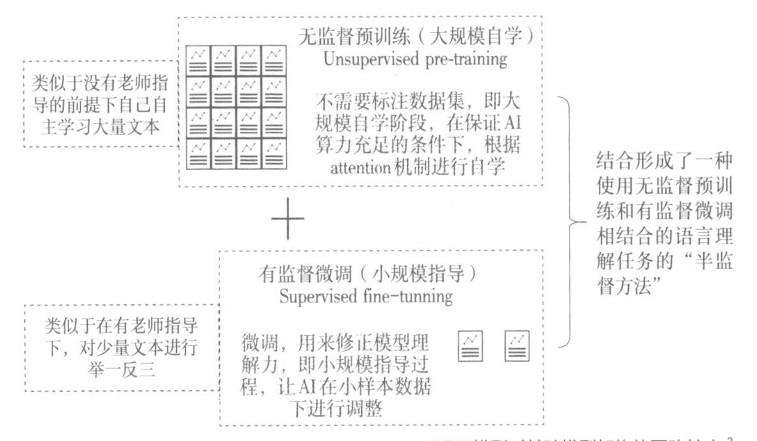

GPT 模型对基础模型架构的更改较小[3]

1 弗莱德·贾里尼克带领团队于1972年在IBM研发的一项技术，可用来衡量一句话或者一个语言现象产生的可能性。用于语音识别、机器翻译以及计算机问答。ChatGPT就应用了这项技术，它会挑选概率最大的、最有可能发生的文本来回答。
2 数据来源：北京AIGC论坛整理、国泰君安证券研究。
3 资料来源：*Improving Language Understanding by Generative Pre-Training*、国泰君安证券研究。

现在的大模型在哪个方面有进展呢？主要是语言，确切地说，是自然语言。例如，各种论文、书籍、医学病历现在都可以用这种方式被计算机读懂，使大模型的能力大大升级。

当然，这里还有很多细节问题。比如，模型还要不断调节、迭代，让计算机学得一次比一次好，最后才能形成一个人类适用的系统。

下面，我列举了大模型出现后中国跟美国之间的比较。中国主要的大模型参与单位包括百度、腾讯、阿里、华为。每个大模型有一个专门的名字，比如，百度的大模型叫“文心一言”，腾讯的大模型叫“混元”，阿里的大模型叫“通义千问”等。

国内外部分大模型参数量对比 [1]

公司	NLP		CV		多模态	
	模型	参数量	模型	参数量	模型	参数量
国产模型						
百度	ERNIE 3.0-Titan	260B	VIMER-UFO 2.0	17B	ERNIE-ViLG 2.0	24B
腾讯	HunYuan-NLP	1T	HunYuan-vcr	—	HunYuan_tvr	—
阿里	AliceMind-Plug	27B	通义-视觉	—	M6	10T
华为	盘古语义大模型	200B	盘古视觉大模型	3B	盘古多模态大模型	—
海外模型						
OpenAI	GPT-3	175B	Image GPT	6.8B	DALL-E2	3.5B
谷歌	PaLM	540B	V-MoE	15B	PaLI	17B
			ViT-22B	22B		
微软	Turing ULR v6	5.4B	Swin Transfomer V2	3B	BEiT-3	1.9B

1 资料来源：各公司官网、*ERNIE 3.0 TITAN: EXPLORING LARGER-SCALE KNOWLEDGE ENHANCED PRE-TRAINING FOR LANGUAGE UNDERSTANDING AND GENERATION*、*ERNIE-VILG 2.0: Improving Text-to-Image DIffusion Model with Knowedge-Enhanced Mixture-of-Denoising-Experts* 等模型相关论文、德邦研究所。

但我要说的是，大模型的搭建实际上会消耗大量能源。因此，要做一个好的大模型至少需要几十亿人民币。

大模型的投入成本 [1]

项目	成本
智算集群建设成本	一台搭载A800的服务器成本超过40万元，服务器采购成本通常是数据中心建设成本的30%，一个智算集群的建设成本超过30亿元。
模型训练成本	大模型一次完整的模型训练成本为1000万~1亿元，如果进行10次完整的模型训练，成本便高达数亿元，还要加上数据采集、人工标注、模型训练等一系列软性成本。
运营成本	数据中心内的模型训练需要消耗网络带宽、电力等资源，成本也以亿元为单位计算。

大语言大模型出现后，马上就转到生物医学领域了，因为生物医学跟每个人都休戚相关。比如在OpenAI推出ChatGPT时，微软推出了BioGPT，把大模型直接应用到生物医学中；谷歌也做了一个用于生物医学的大模型Med-PaLM——我们可以从中看出，整个大模型研发行业对生物医学的重视。

那这些大模型的水平怎么样？例如，美国职业医生的执照考试及格分数是60分，BioGPT和Med-PaLM都得了80分以上。我想，像我这样的“白丁”想要考职业医生执照，用这个软件一定能够过关。所以，现在人工智能在某些生物医学基础领域已经学得非常好了。

我国也启动了用于生物医学的大模型。我觉得，最受关注、在大模型上花费精力和时间比较多的应当是百度。百度在搭建中国的大模型上花了很多精力，它的子公司百图生科，是专门为把大模型应用到生物医学而成立的，做了很多基础工作。

腾讯、阿里、华为也都对用于生物医学的大模型有所考虑，但

1 数据来源：财经十一人、东吴证券研究所。

似乎没有形成能够投入使用的大模型。清华大学、春雨医生、医联都有这种想法，它们也都正在进行研发。

《新英格兰医学杂志》(*NEJM*)是国际上顶尖的医学学术刊物，它在2024年成立专刊*NEJM-AI*。它的一篇综述里提到，现在的人工智能实际上可以应用到医学当中的很多方面。因此，包括大模型在内的人工智能在生物医学应用是一件长期发展的事，而不是突然兴起的事。

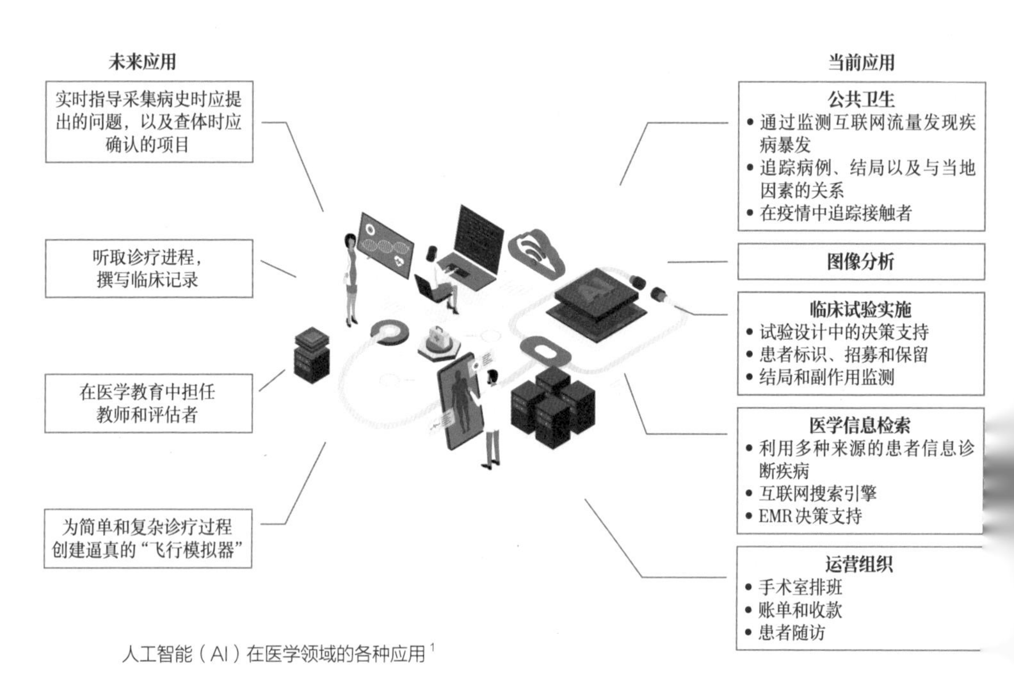

人工智能（AI）在医学领域的各种应用[1]

我们建立的模型

我们也做了一些工作。实际上，我们已经做出了一个模型，所有技术也都尝试了，但我们训练的数据不够。

1 图中文字来源：《新英格兰医学杂志》。

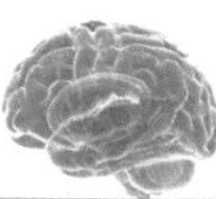

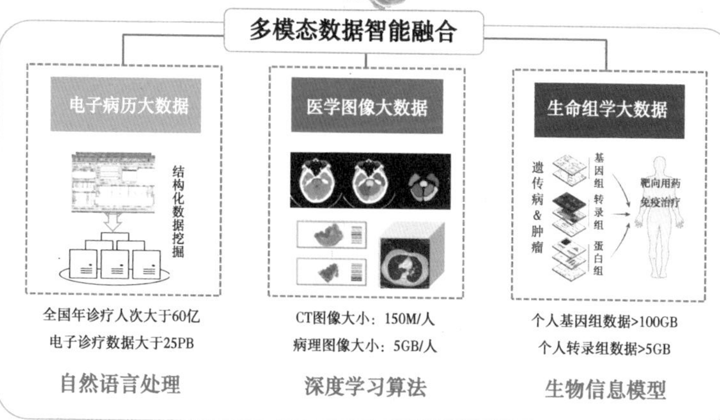

我们把电子病历、影像学的组学数据都放在一起。但是，要想让计算机读懂病历，比如“患者胸闷、憋气、胸痛”，怎么让计算机唯一地而非二义性地跟疾病关联起来，并非易事。不过，在技术层面上，我们都实现了，这些我就不详细讲述了。

另外，有些疾病患者的面部有非常典型的特征。比如，唐氏综合征患者的面部表情具有明显的特点，这些数据都可以输入到模型中。甚至染色体核型的图片分析也可以输入到模型中，我们还把组学数据输进去了。

我们想做点儿有特色的工作。我们希望将来能把中医药的大数据输进去，但是中医是很难的，特别是几千年前的《灵枢》《素问》，如何将古汉语翻译成计算机语言，我们还在学习和探讨过程中。

我们也构造了一个大模型，名字叫“灵枢”。不过，我们还处于起步阶段，还在学习中。不管怎么说，这条技术的路是能走了，但训练的路、学习的路还没有走完。

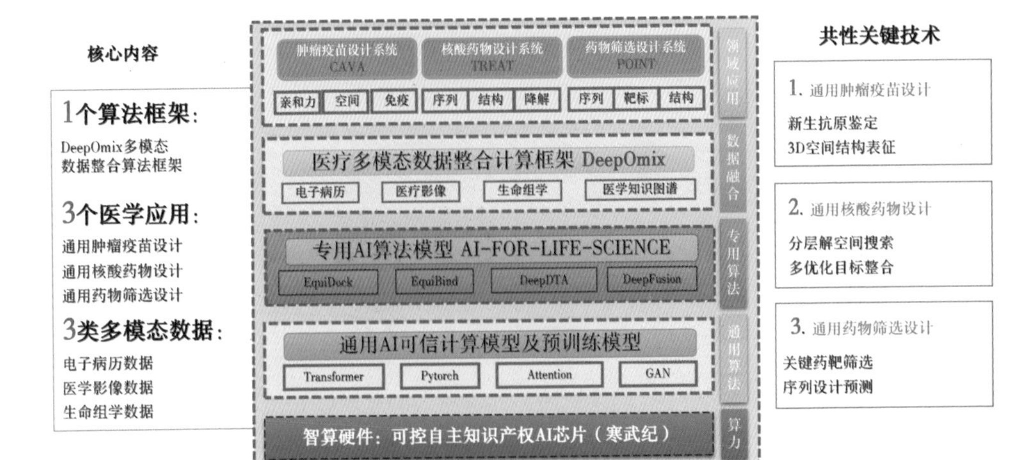

我对AI的思考

下面，我想和你讨论一些关于AI的想法。实际上，大模型之所以会引起全世界的广泛注意，主要是因为在大模型出现后人们发现了一些新现象。

如果模型规模做得足够大，学习的参数足够多，就可能会出现两个现象。一个现象叫涌现，另一个现象叫顿悟。这不是常规计算机程序会出现的现象。

什么叫涌现？我教给你这么多东西，学到一定程度后你会出现新的想法，而这个想法是我在教你的过程中没有的。这个现象使业内人产生深深的担忧和思考：涌现出来的东西会不会超越人类掌握的知识呢？

顿悟是这样的现象：大模型和人脑一样，第一遍没学会，第二遍没学会，第三遍没学会，但第四遍它开窍了，完全学会了。我们知道，计算机不会出现这种现象，它只能运行一个程序，你向它输人，永远会得到输出。

大模型出现了涌现和顿悟现象，说明它和过去我们用来下围棋、用来预测生物大分子结构的人工智能不同，这使现在的大模型除了作为一种技术之外，有更多更深入和广泛的探讨空间。

在OpenAI刚刚发布GPT-4后，2023年5月14日，号称ChatGPT“最强竞争对手”的Claude发布了更新。本质上，Claude跟ChatGPT是一样的，但是Claude一分钟能处理将近10万字的内容，也就是说，它的文本处理能力在短时间里就超过了ChatGPT。这两个模型的发展态势太快了，你追我赶。

另外，已经有人在尝试用大模型来驱动第三方系统。换句话说，如大模型能够驱动手术机器人，它就可以代替外科医生做手术。这样的发展使人们在担心人工智能会发展到什么程度的基础上，还要担心它的发展速度和它能够调动的下游设备。因此，大模型格外引起人们的注意。当前人们争论的焦点是，未来大模型能不能达到强人工智能的水平?

强人工智能是人工智能领域的一个专业术语。人工智能如果达到人脑的水平，能思维、能思考、能决策，就是强人工智能。当然，现在的人工智能还没有达到这个水平，它能不能达到，就成为人们非常关注的一点。

为此，很多人有深刻的担忧。这里，我只提一个代表人物——杰弗里·辛顿，他是人工智能的最早奠基人之一。他曾表达了对人工智能的忧虑，特别是这句话：“人类只是智慧演化过程中的一个过渡阶段。”言外之意就是，他认为人工智能将来有可能超过人的智能。这个问题非常值得思考，正因为这个担忧，他从谷歌辞职了。

另外，2023年3月22日，生命未来研究所向全社会发布了《暂停大型人工智能研究》的公开信，马斯克、图灵奖获得者约书亚·本

Pause Giant AI Experiments: An Open Letter

We call on all AI labs to immediately pause for at least 6 months the training of AI systems more powerful than GPT-4.

Signatures
1060

Add your signature

《暂停大型人工智能研究》公开信

吉奥等专家都签署了这封公开信。他们希望在6个月内暂停发展比GPT-4能力更强的人工神经网络的模型。他们认为，人类没有准备好，如果人工智能发展得太快，也许人类就不能很好地把握它。

另外，欧盟提出了《人工智能法案》，代表整个欧盟已经制定了对人工智能的法律监管方案。

2023年5月13日，美国政府成立了人工智能工作组，这个工作组的两个组长之一是著名的华裔科学家、数学家陶哲轩，华裔女科学家李飞飞也是咨询组的成员。以上事例都说明，当前大模型的发展不仅仅是一个科学问题，它还产生了很多包括科学哲学在内的问题，引起人们对大模型更深的思考和担忧。

我想表达一些我自己的看法，未来，人工智能当然会继续发展，任何力量也很难阻止，因为它是一项先进的技术，前沿技术的发展是很难阻挡的。但是，人工智能能力的提高是连续的还是有壁垒的？如果是连续的，它就会一直不断地发展下去；如果是有壁垒的，即它需要克服某些壁垒才能够达到新的发展阶段，我们就有可能在某些壁垒上暂缓它的发展。目前看来，没有任何证据能够证明人工智能的发展存在壁垒，所以它还是在高速地发展着。

新生儿的脑神经网络与3月龄幼儿的大不相同，与2岁儿童的相比差得就更多了。在发育过程中，儿童的能力越来越强，换句话说，他们拥有的知识越来越多了。知识的增加与神经网络的空间结构复杂度有直接关系。

所以，如果说，人工智能能力的提高会遇到壁垒，我认为，目前人工智能神经网络结构的复杂度还远远无法媲美人脑的结构。换句话说，人工智能会不断地发展，人们担心的新的涌现现象还是可

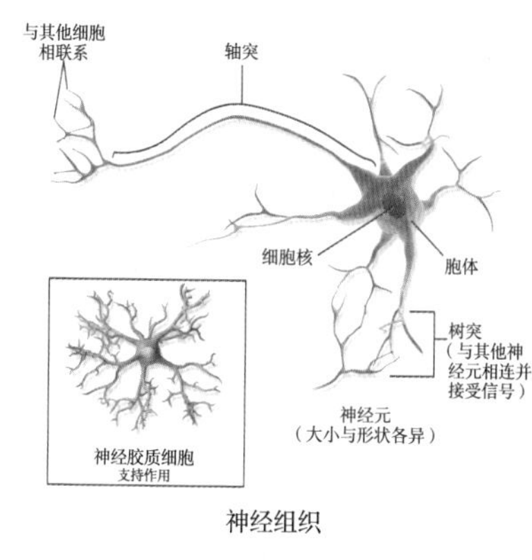

神经组织

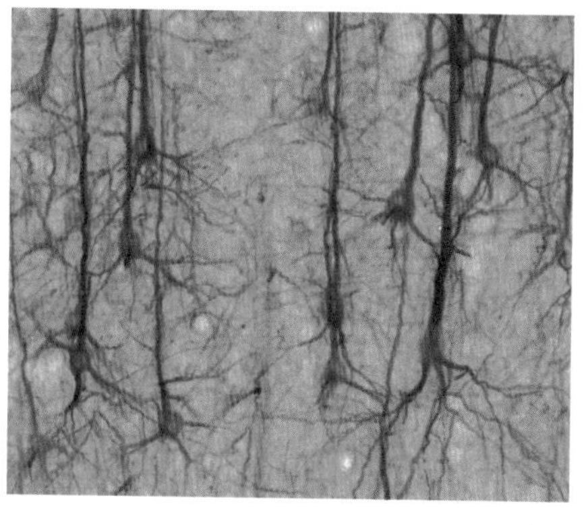

能会出现，但是人工智能要想超过人的智能，还需要非常大的时间尺度。

上图是人的神经网络，你可以把它和人工神经网络比较一下。物理学家总会问一个问题：如果现在的物理规律从三维空间变到二维空间会怎么样？相信，很多物理规律是不成立的。我们可以比较一下，目前的人工智能模型还是不如真正人脑空间结构复杂。

我相信，人工智能会不断地发展，一定会对生产力的发展、社会的生产生活、医学的发展提供很大的助力，不过，我们也要注意它可能带来的各种影响。但至少在短期内，它要达到强人工智能的水平恐怕还有相当大的距离。

演讲时间：2023.5
扫一扫，看演讲视频

思考一下：

1. 生物医学大数据包括哪些数据？
2. 大模型在生物医学领域有哪些应用？
3. 人工智能发展对社会和医学领域可能产生哪些影响？

当 AI 拿起画笔，它会取代画家吗？

董未名
中国科学院自动化研究所研究员

图片由 Midjourney 生成

min max Ex[log(D(x))] + Ez[log(1-D(G(z)))]
G D
min max Ex[log(D(x))] + Ez[log(1-D(G(z)))]
G D

艺术创作的人工智能时代

众所周知，我们已经进入了人工智能时代，AI已经渗透到了我们生活的方方面面。例如，打车时，打车软件会帮我们匹配最合适的车辆、规划最合理的路线；网上购物时，购物软件会为我们推荐最适合的商品……这背后都是AI在起作用。

那么，当AI进入艺术领域，当AI拿起画笔，又会是什么样呢？

先来看对页这张图，这是第一张公开展出的、由AI创作的绘画作品——《埃德蒙·贝拉米的肖像》。它是由机器学习了14—20世纪的1.5万张肖像画之后，自动生成的一张绘画作品。

一般来说，绘画作品的右下角应该是艺术家签名，但这张画的右下角是一个公式。因为这张作品就是由算法、机器用这条公式生成的，所以创作者就把这个公式代替艺术家签名，放在了画的右下角。

你觉得这张画怎么样？艺术水平到底高不高？有人觉得它画得好，也有很多人觉得它画得不好。不管人们评价如何，2018年，这张画在佳士得拍卖行以43.25万美元的价格成交，价格是非常惊人的。当然，你也可以说这是物以稀为贵，是炒作，AI在绘画的创作方面也就是这个水平了。

那么，我们再来看一张图。下页图是今年由AI创作的《太空歌剧院》。它的构图、配色以及画面的细节都堪称完美。它的创作者杰森·艾伦（Jason Allen）并非专业的艺术家，而是来自美国科罗拉多州的游戏设计师。《太空歌剧院》是他使用AI工具创作的，并在美国的一个数字艺术比赛里打败了众多由专业艺术家亲自绘制的作品，获得了一等奖。

杰森·艾伦是如何创作的呢？这位游戏设计师在一个叫作"Midjourney"的AI创作工具里先输入了几个关键词，比如光源、构

图、氛围等，得到了100幅作品，然后再进行约80小时的PS修饰，最终选出3幅作品，把图像打印到画布上拿去参赛。

值得我们关注的是，以上两幅作品并非个例。现在的AI技术已经能够自由地创作很多极具艺术感的作品了。

艺术创作的人工智能时代已经到来。

从模仿滤镜开始

当然，让AI进行艺术创作不是一朝一夕就能实现的，它经过了很多研究者长年的探索。AI绘画技术的出现最早可以追溯到20世纪末，当时它叫作“图像的风格化滤镜”。

最初实现的方法也比较简单：选一张自然拍摄的照片，借助一些图像处理的算法，把它的像素进行几何或者色彩上的变换，然后

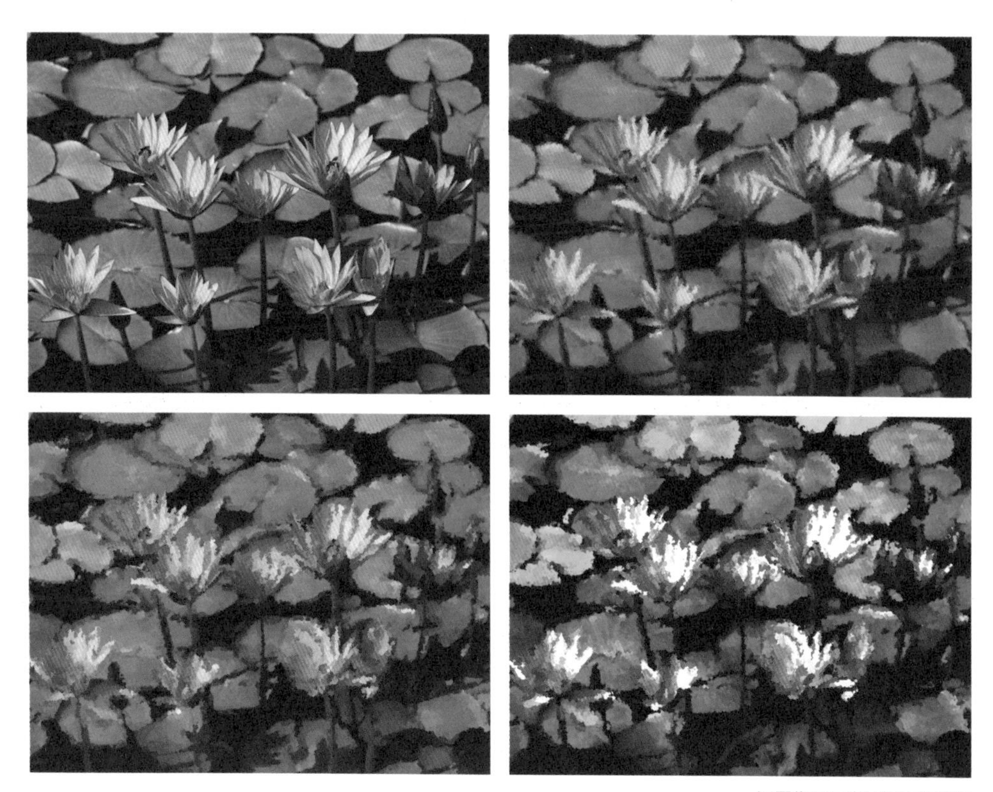

源图像及三张风格化效果图

再调节不同的参数，就可以模拟出类似油画或者水彩画的效果。上面这组图就是这样创作出来的，看起来有点儿绘画的效果，但水平还是比较低的。

经过研究者的不断探索和改进，在2013年前后，AI绘画技术已经达到了非常高的水平，AI模拟的水彩画已经非常漂亮了。

但是，相比展示出来的成功的作品，失败的作品更多。因此，这项技术的成功率是很低的，而且它还有一个比较大的缺点，就是只能从表面上模拟，让照片看起来像是油画或者水彩画。要想直接模仿某位艺术家的绘画风格来生成绘画作品，是很难做到的。所以，研究者探索了另一条数字绘画生成的道路——图像风格迁移。

AI 模拟的水彩画

学习艺术家的绘画风格

什么是图像风格迁移？比如右侧这一组图中，上图是美国旧金山艺术宫的外景照片，旧金山艺术宫由德裔艺术家梅贝克在1915年主持修建，并于1962年重建。中图是印象派创始人莫奈在1901年绘制的作品《日落时分的维特依》。

本来这两种艺术形式在时间和空间上都没有交融的机会，但是通过图像风格迁移技术，一张看起来由莫奈绘制的美国旧金山艺术宫的绘画作品就生成了。

我所在的科研团队也进行了几年的探索，研发出了任意图像风格化技术。只要机器经过一次学习，比如在学习了十几万张照片以及几万张的绘画作品之后，就可以生成一张在内容上与某张照片相近且在风格上与某幅绘画作品相近的数字绘画作品。

源图

野兽派风格

奥费主义风格

印象派风格

后印象派风格

浮世绘风格

现实主义风格

素描风格

借助这样的技术，我们就可以模拟不同流派、不同风格的艺术技法，来生成各种风格的艺术图片。

对于喜欢二次元的朋友，我们的技术也可以把真实的照片转换成二次元风格的图片。

对页上图是一匹水墨画风格的马。一般提起画马，大家可能会先想到徐悲鸿，因为他非常善于画马，在世界上享有盛名。图中这匹马是由AI绘制出来的，模拟的是齐白石的绘画风格。齐白石最擅长画虾，可能从来没有画过马。但是，我们用AI的图像风格迁移技术就可以模拟出齐白石绘画风格的马。

中国的水墨画在艺术技法上有个很大的特点——留白，即画中只有一个明显的前景物体，背景很空。虽然源图中有一片草地作为背景，但借助我们的技术生成的这张水墨画的背景是干净的，很好

地模拟了中国水墨画的留白技法。

除了模拟具体的绘画风格，AI技术还可以进行创新。如果我们给AI一张照片，再给它一张素描画或水彩画，并使用风格迁移技术，AI就可以生成一幅素描作品或水彩作品。

那么，AI能否将这两种风格融合呢？可以。下页最下面的图就是用风格迁移技术生成的融合风格的图片，它既有水彩的柔和与朦胧感，也有素描的立体和鲜明的明暗对比，这是一种全新的艺术风格。我们希望这一技术能够推动新艺术风格的创作和整个绘画艺术的发展。

创作具有艺术风格的视频

我们可以把任意的图片变成绘画，那能不能把图片做成动态的呢?

以电影《挚爱梵高》为例。它的所有镜头都具有明显的梵高绘画风格，由125位画家花了7年的时间，手工绘制了6.5万帧油画作

视频的关键帧（左：源视频；右：使用图像迁移风格技术的视频）

品才制作完成。

如果有一种技术能够帮助创作这样的电影作品，是不是更方便呢？于是，我们研究出了视频的图像风格迁移技术。

上一页的图来自一条在码头拍摄的视频，我们将这条真实的视频和一张浮世绘作品相融合，就得到了一条有着浮世绘风格的江南水乡视频。这项技术可以大大降低在影视后期制作中制作不同艺术风格片段的时间和人工成本。目前这种技术已经被应用到了很多影视剧里。

这是我们与一家公司在某年世界杯比赛期间合作推出的产品。用我们的技术可以把一张人像照片变成卡通头像，当时引起了很大的反响，有很多网友用这个产品生成卡通头像分享在社交媒体上。

用文本创作绘画

即使我们不给AI提供参考素材，它照样可以创作。我们只需要输入一句话，比如“我希望要一张仙境般的中国桂林山水画”，AI就可以直接生成一幅山水画作品。

再举一个例子。如果我们输入：“罗曼·朱安多的油画《云中飞翔的蒸汽朋克

屋》”后，AI就可以生成右图这样一幅作品。

这些作品不但完美复现了句子的含义，而且具有很强的艺术感。背后利用的技术就是最近大家有所耳闻的图文预训练大模型以及扩散模型技术。将这两个技术组合，就形成了下面这些作品。

'A (**standing**) cat* in a chef outfit'

'A teddy* is playing with a ball in the water'

图文预训练大模型 + 扩散模型

人人都可以成为艺术家

你或许会思考，在将来AI会不会取代人类艺术家?

我们再回到《太空歌剧院》这张画，尽管它十分精美，但它获奖后，在互联网上特别是在艺术家群体中引起了非常大的争议。我在搜索引擎上检索该作品时看到，前三个结果都在讲艺术家对这件事感到非常不悦。大家都在讨论，这是否意味着人类创造力的终结。甚至在国外某个社交网站上，一个有6000多人点赞的帖子写道：如果人类的创造力已经被机器取代，那么未来会发生什么事情，真

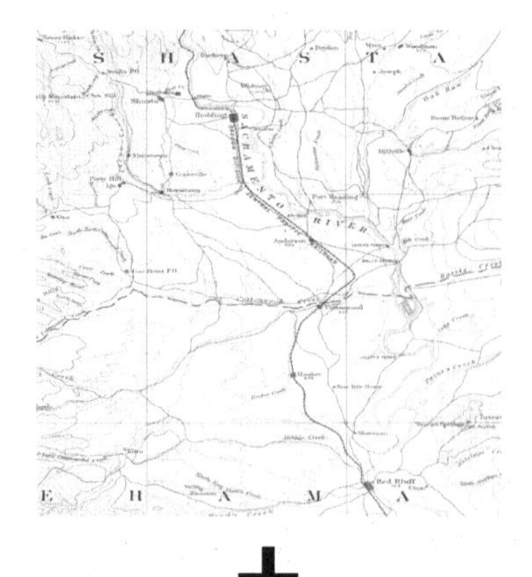

是不敢想象。

其实，在研究过程中，我们也曾经和艺术家交流过。因为我们的一项任务就是模拟一位英国地图人像艺术家的绘画风格。他可以在地图上绘制一张人像，让人像与地图完美地融合。

我们设计了一套算法来模拟他的创作手法。左边是用我们的技术自动生成的一个和他的作品在风格上非常相似的艺术作品。

工作完成后，我们专门给这位艺术家写了邮件，把论文也发给了他，并询问他的看法。没想到的是，这位艺术家很快就回复了一封很长的邮件。他的第一句话让我们感到非常开心：“It was a fascinating read!”。他说看到论文时非常激动。他在邮件中还写道，他从来没有想过，机器竟然能够模拟他的艺术作品。

对于AI在艺术方面能否取代人类这个问题，他说：“我一直相信，现在也仍然相信，人类的创造力总会占有一席之地；我也相信，AI不可能（我也不希望它能）占据那个（艺术）领域。也许（人类和机器）可以共享这个领域。”

在国内也有相关的讨论，一个热度比较高的问题是：“人工AI绘画是否会让中低端画师失业？”在一个有500多人点赞的回答中，第一句话就是："AI取代不了画师，取代他们的是使用AI的画师。"

从我个人的角度来讲，这句话非常有道理。艺术创作者不应该抵制AI，而应该主动地去拥抱AI。AI到底能为艺术做什么？其实，AI艺术和人类艺术不应该是两个对立面，而应该互相融合。

我想引用刘慈欣小说《三体》里的一句话："弱小和无知不是生存的障碍，而傲慢才是。"如果人类艺术家只是高高在上地抵制、漠视AI，终有一天，使用AI的艺术家很有可能会取代他们。现在已经有很多艺术家主动地拥抱AI，比如他们会用AI进行角色设计。

用AI进行角色设计

对包括我在内的普通大众来讲，AI其实给我们带来了更多体验艺术的机会。有了AI，人人都可以成为艺术家——即使你从来没有学过艺术，没任何绘画功底，借助AI工具也可以非常容易地创作出属于你自己的艺术作品。

最后，我想引用自己特别喜欢的瑞士艺术家保罗·克利说的一句话来进行总结:“艺术不是再现可见，而是使不可见成为可见。”AI现在已经完美实现了这一目标，我们可以通过机器计算来绘制出很多现实中见不到的场景。我相信，AI在艺术领域一定还会持续发展，一定会为我们带来更多更美丽的绘画作品。

思考一下：

1. AI 绘画技术的发展历程中有哪些创新和突破？
2. AI 绘画技术如何进行图像风格迁移？它在艺术创作中有哪些应用？
3. 你认为 AI 绘画有可能取代人类艺术家吗？为什么？

演讲时间：2022.9
扫一扫，看演讲视频

机器人极简史

过去、现在和未来的机器人

杨跞
上海新松机器人有限公司总裁

点焊机器人是典型的 6 轴机器人

在字面上解读“机器人”

我们谈论机器人时，就不得不提它的英文名——Robot。“Robot”这个词是由捷克作家卡雷尔·卡佩克（Karel Capek）于1920年创造出来的，源自波兰语中指代“工人”的单词。从Robot的词源可以看出，人类早在那个时候就寻求一种能够代替人类从事重复劳动的产品，以期把人们从中解放出来。“Robot”一词所代表的人类诉求，在相当长的时间内引导了机器人的研发路线。

原始语义上的“机器人”发展到现在已经大量应用于工业场景，我们在电视中和互联网上都可以见到它们的身影。例如，上图展示的是一种常见的机械臂，在机器人专业圈里，它们叫作“6轴机器人”。

提到机器人，许多人脑海中会浮现像对页图中这样的形象。这种形象在很多科幻电影中也有所呈现，我们称这类机器人为“人形机器人”。机器人的发展过程就是从工业机器人不断向人形机器人演化的过程，所以未来将会有越来越多的人形机器人。

我们的中文博大精深，“机器人”这个词远远好于Robot。该怎么理解“机器人”呢？我们可以把它解读为“机器化的人”。在这个名称之下，机器人不再是冷冰冰的产品，而更像是一个独立的物种。正因为将它视为物种，我们才会进一步探讨它与人类之间的关系。

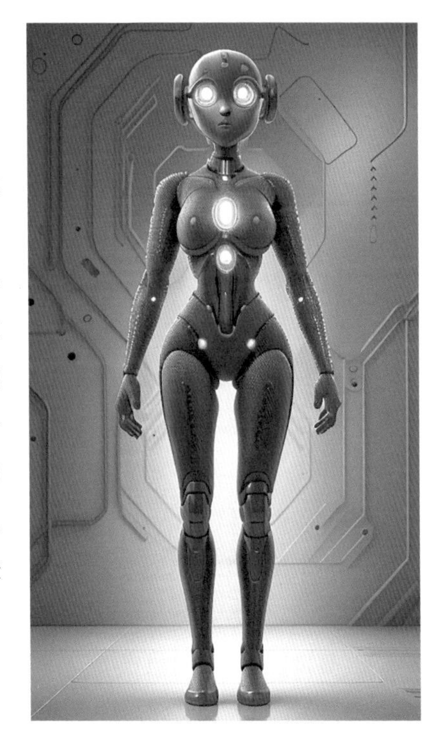
人形机器人

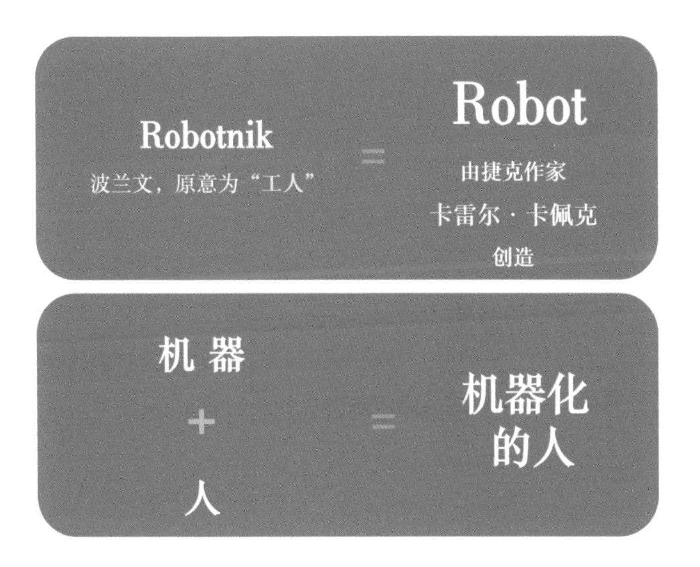

制造机器人的初衷——代替人的劳动

许多人认为机器人是近年才出现的东西，但事实并非如此。千百年前机器人的雏形就已经出现了。

为什么在那么早的时候就有机器人的雏形出现呢？这与人类的需求有关。可能每个人都有过这样的梦想：创造一个自己的替身或分身。正是出于这个原因，机器人注定会出现。《史记》中就有两则关于机器人的比较久远的记录：西周的偃师造人和春秋时期的鲁班木鸟。

偃师造人是一则典故。偃师是一位出色的工匠，他向周穆王展示了他制造的机器人，这个机器人能行能动,能歌善舞,可谓灵巧之至。它甚至因对周穆王的宠姬投以媚眼，差一点儿就被肢解了。而鲁班木鸟则是鲁班模仿鸟类结构而制作的，据说它能够在空中徘徊三天而不停歇。这些存于典籍中的故事证明，古代有很多能工巧匠曾试图制造过非常奇特的机器人。

我们在地理和科学书籍中也会看到许多类似机器人的机构，比如指南车和记里鼓车。它们都非常精巧，能够完成特定的任务。在《三国演义》中，诸葛亮研制出了木牛流马，这是他与魏国对战时非常重要的装备。

机器人的雏形不仅存在于中国古代的文献记录中，世界各地也都有关于机器人雏形的文字记录或实物。

1738年，法国科学家使用机械制造出了一只机器鸭，它能像真的鸭子一样做许多动作。18世纪，瑞士钟表匠道罗斯父子发明了一款会写字的玩偶，它是靠发条驱动的，有非常精巧的机械结构。它应该是现存的世界上最古老的机器人之一。在18世纪末，日本的若井源大卫门制造出了端茶玩偶。

所有这些都展现了人类的梦想——制造机器人来替代人类的工

指南车

记里鼓车

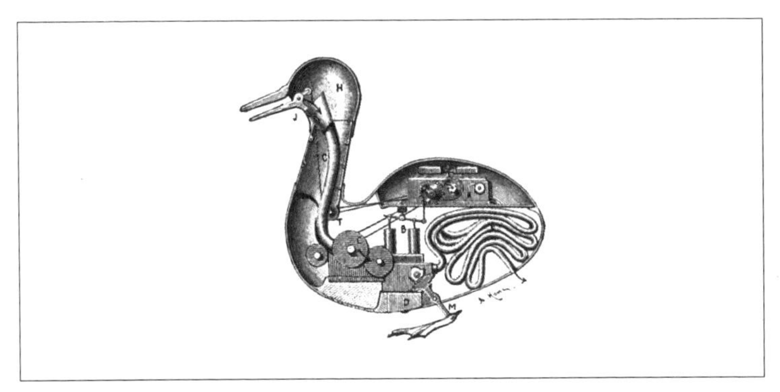

机器鸭

写字玩偶

端茶玩偶

作。然而，它们的动力来源要么是储能机器，要么是水流，要么是风力。这就导致它们能够完成的任务非常有限，同时体积庞大。

机器人的技术革新从电开始

机器人研发的巨大转折点是电技术的出现。对机器人行业来说，电力驱动和电子控制是具有颠覆性的技术。它们的出现使机器人真正以丰富的工业生产线形式展现在大众面前。

机器人与工业生产

时间	事件
第二次世界大战期间	美国橡树岭国家实验室研制了“遥控操纵器”
1953年	麻省理工学院辐射实验室研制出按模型轨迹做切削动作的多轴数控铣床
1954年	乔治·德沃尔开发出了第一台电子可编程序工业机器人
1959年	乔治·德沃尔与美国发明家约瑟夫·英格伯格成立了世界上第一家机器人制造工厂Unimation（通用自动化）公司，并推出世界上第一台应用型工业机器人
1978年	由美国Unimation公司装运的第一台PUMA机器人在通用汽车公司投入使用
1980年	中国科学院沈阳自动化研究所（现机器人学国家重点实验室）成功研制出中国第一台工业机器人样机

20世纪50年代，第一台复杂的数控机床出现了。机器人与数控机床是密不可分的，它们有着共同的起源，并且在结构和控制上有许多相似之处。如今所有的机器人都是基于当时的产业变革和技

术基础而出现的。

1953年，第一台真正意义上的工业机器人出现了。随后，机器人逐步走进了工厂。

1980年，中国科学院沈阳自动化研究所（现机器人学国家重点实验室）成功研制出了中国自己的工业机器人，中国的机器人空白被填补了。

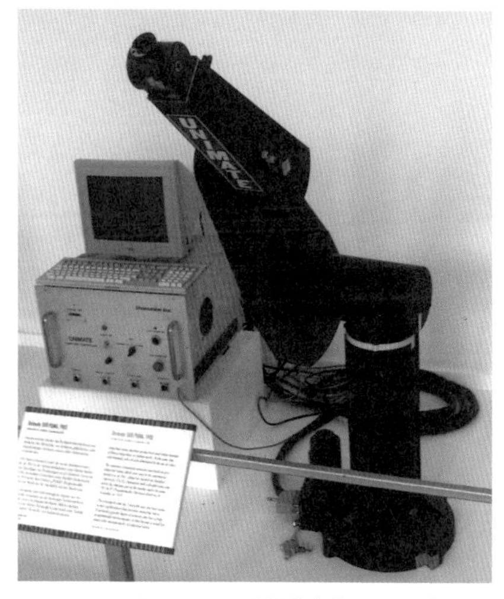

Unimation 公司生产的 PUMA 机器人

工业机器人的典型结构

工业机器人有什么样的典型结构？答案是“串联结构”。下图展示的是典型的6轴串联结构机器人。其中，“轴”可以理解为关节或旋转轴。空间中有X、Y、Z三个直角坐标轴，以及X、Y、Z三个旋转轴。一般来说，我们认为一个具有6个自由度（或轴）的空间坐标可以涵盖空间中所有的点，这意味着一个6轴机器人可以完成其所处空间内所有的工作。

然而，后来我们发现6个轴并不够。人的手臂具有7轴结构，

串联结构机器人

因此研究人员开发出了7轴机器人，7轴机器人可以完成非常复杂的动作。例如，即使人的腕关节固定不动，手臂也仍可以做出不同的动作，7轴机器人也是如此。

那么，7轴机器人在什么情况下最有用呢？在一些封闭、复杂的狭小空间内，它可以有效地完成动作。例如，在进行手术时，手术机器人必须绕过患者的骨骼进行操作，这时7轴机器人就能体现出它的价值。

双臂机器人

以前生产的机器人都是单臂的，但单臂不足以代替人类完成更多的工作，所以双臂机器人应运而生。双臂机器人是具有两条机械臂的机器人，每条机械臂通常有7个关节，因此双臂机器人也具有7个自由度。

双臂机器人的设计和控制相对复杂，因为它们需要随时感知两臂之间的空间关系，避免碰撞，并且需要建立一个高效的空间坐标系，以确保两条机械臂能够协调运动。

对页图中可以冲泡咖啡的机器人展示了机器人在代替人类完成特定任务方面的潜力。虽然对人类来说，冲咖啡可能是相对简单的工作，但对机器人来说需要高度的空间感知和协调能力。

在武侠小说《射雕英雄传》里，周伯通会“双手互搏”，左手画方，右手画圆，这个动作对人来说非常难，但对机器人来讲非常容易。可见，机器人的很多技能和人类有非常大的互补性。这种互补性使机器人能够成为人类的伙伴，为人类提供支持和协助，共同完成各种任务和工作。

可以完成冲泡咖啡任务的双臂机器人

作为人类伙伴的机器人

机器人是不是只存在于工业领域呢？不一定。未来它们可能成为人类的亲密伙伴，出现在更多的领域。

乒乓球机器人

乒乓球机器人是一个很好的例子。下页图中的机器人是我们与中国乒乓球学院联合开发的，旨在为国家队和其他专业团队提供有效的陪练服务。

许多人可能会问，乒乓球机器人如何实现有效的动作呢？能否通过建立数学模型，利用摄像头采集运动轨迹来计算球的运动轨迹呢？很多研究者曾经也考虑过这种方法，但这种方法并不可行。因为在乒乓球比赛中，球是旋转的，球在旋转的过程中难以用摄像头

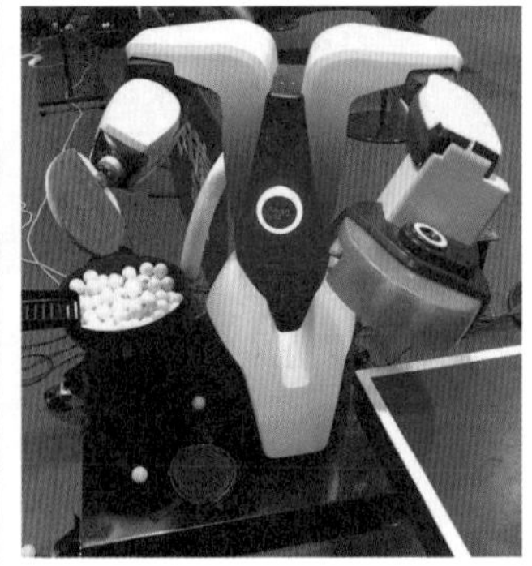

乒乓球机器人庞伯特（Pongbot）

准确捕捉到其旋转信息。

因此，一开始做实验时，我们用花瓣等物体代替乒乓球，希望能够采集到旋转的过程，最后发现非常困难。其实，即使采集到了球旋转的信息也没用，因为乒乓球的速度非常快，当我们采集数据并进行计算后，球早就过去了。

那应该如何解决这个问题呢？我们采用了机器学习的技术。通过摄像头采集人类打球的动作，将人类瞬间的动作传递给机器人进行学习，让机器人可以预测球以何种方式、何种轨迹过来。这种方法更像是人与人之间的对抗。这个机器人曾在展会上展示了三天，并迎接观众的挑战，基本上在前三个球之后就没有人能够战胜它了——前三个球是机器人适应的过程。

我们也期待未来能够开发出量产的乒乓球机器人，这样它们就可以进入社区、健身房等场所与大家互动。

足式运动机器人

以前很多机器人的运动方式是轮式驱动，但轮式驱动对地形要求很高，机器人必须在比较平坦的地方才能移动。而四足机器人的运动方式能够很好地克服地形的限制，相比轮式驱动机器人，它们更适合在复杂崎岖的地面上移动。

轮式驱动机器人

四足机器人：机器狗

实现四足机器人的平衡和重心控制是非常困难的，特别是在不断变化的环境中。机器人需要不断处理平衡和重心的问题，以保持身体稳定和位置准确。现在的四足机器人已经能完成不少功能，比如它们可以利用身上的机械臂模拟人类的动作，包括开门锁、开门等。这些动作与人类的动作非常相似，展示了机器人在执行复杂操作时的灵活性和准确性。

人形机器人正在玩积木

再举个例子。现在已经有机器人可以完成跳跃动作了。人类完成这个动作很容易，但要想让机器人实现跳跃是非常困难的。这就凸显了机器人动力学研究的重要性。因为在运动过程中，当机器人的姿态发生变化时，它的重心和惯量也会随之变化，机器人需要实时计算和分析这些变化，并做出适当的控制，以完成跳跃这种复杂的动作。

另外，机器人在落地时会产生冲击力，这会对电机和其他部件造成压力。如果控制不当，电机可能会受到损坏。因此，机器人需要采用缓冲和抗震算法来跟踪和减轻这些冲击和震动，以确保其可靠性和耐用性。这也使机器人的应用领域从传统的工厂逐步扩展到更多能够创造价值的领域。

机器人下楼梯

手术机器人

外科手术需要很高的精确度，外科医生的手必须非常稳，并且他们在做重大手术之前不可以喝酒，并要做好充分的准备。

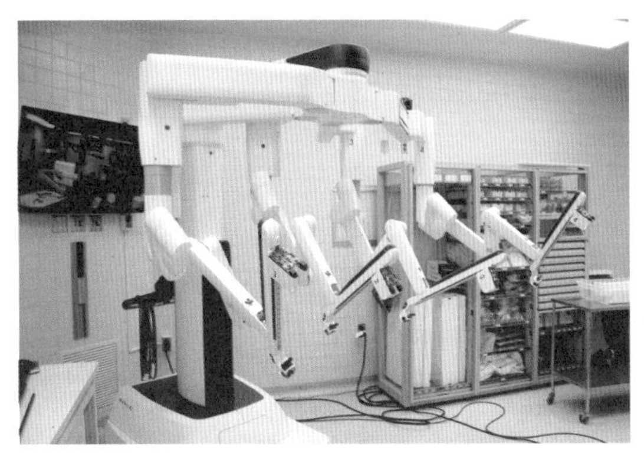
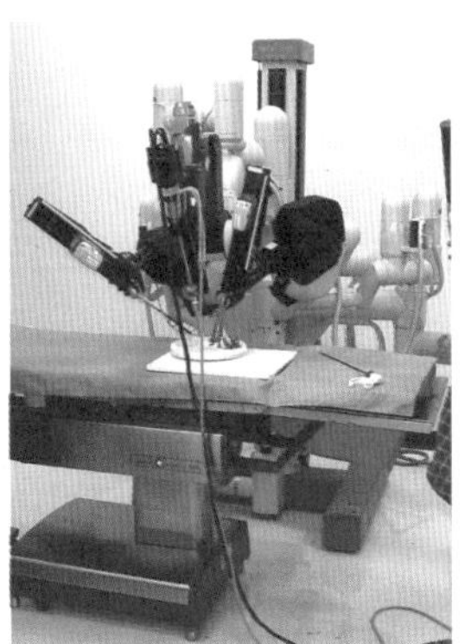

手术机器人

上图是一个典型的主从操作手术机器人。手术机器人在外科手术中具有精确度高的优势。它们可以排除外科医生手部微小的震颤，从而使微创手术更精确和安全。手术机器人能够进行精细的操作，使创面更小，手术更加精巧。手术机器人可以作为医生的伙伴，并提高手术的质量和结果。

机器人是敌是友?

在过去的机器人研发中，我们通常要借鉴传统的工程学（如机械和电子学）的知识。然而，如今哲学和伦理学等领域已经广泛渗透到机器人的研究之中。

在机器人伦理学中，有一组著名的机器人三大定律。

艾萨克 · 阿西莫夫

机器人三大定律

一、机器人不得伤害人类,或坐视人类受到伤害。

二、机器人必须服从人类命令，除非命令与第一定律发生冲突。

三、不违背第一或第二定律之下，机器人可以保护自己。

这是由著名的科幻作家阿西莫夫提出的，也是智能机器人开发过程中最重要的设计准则。

人们经常会问:“在许多科幻电影中，机器人扮演的角色往往是人类的终结者，那么机器人到底是人类的伙伴还是敌人? ”

为什么人们会对机器人如此忧虑呢? 也许是因为机器人不需要进食、休息，也不会衰老；随着5G、6G等新技术的涌现，机器人只需几秒钟就能获取海量的知识，将其储存在大脑中；当机器人网络连接技术完善后，所有新技术将在瞬间实现共享，这无疑更加令人忧惧。

那么，到底机器人是敌人还是朋友呢? 我相信，机器人永远是我们亲密的伙伴。

思考一下：

1. 什么原因驱使人类在古代就开始尝试制造机器人？
2. 文章中提到了机器人在工业及生活等领域的应用，你认为在未来，机器人可能会在哪些领域取得更大的突破？
3. 你对阿西莫夫提出的机器人三大定律有什么看法？你认为我们应该如何平衡机器人技术的便利性与其潜在风险？

演讲时间：2019.5

扫一扫，看演讲视频

微型机器人
在人体内自动驾驶

徐天添
中国科学院深圳先进技术研究院研究员

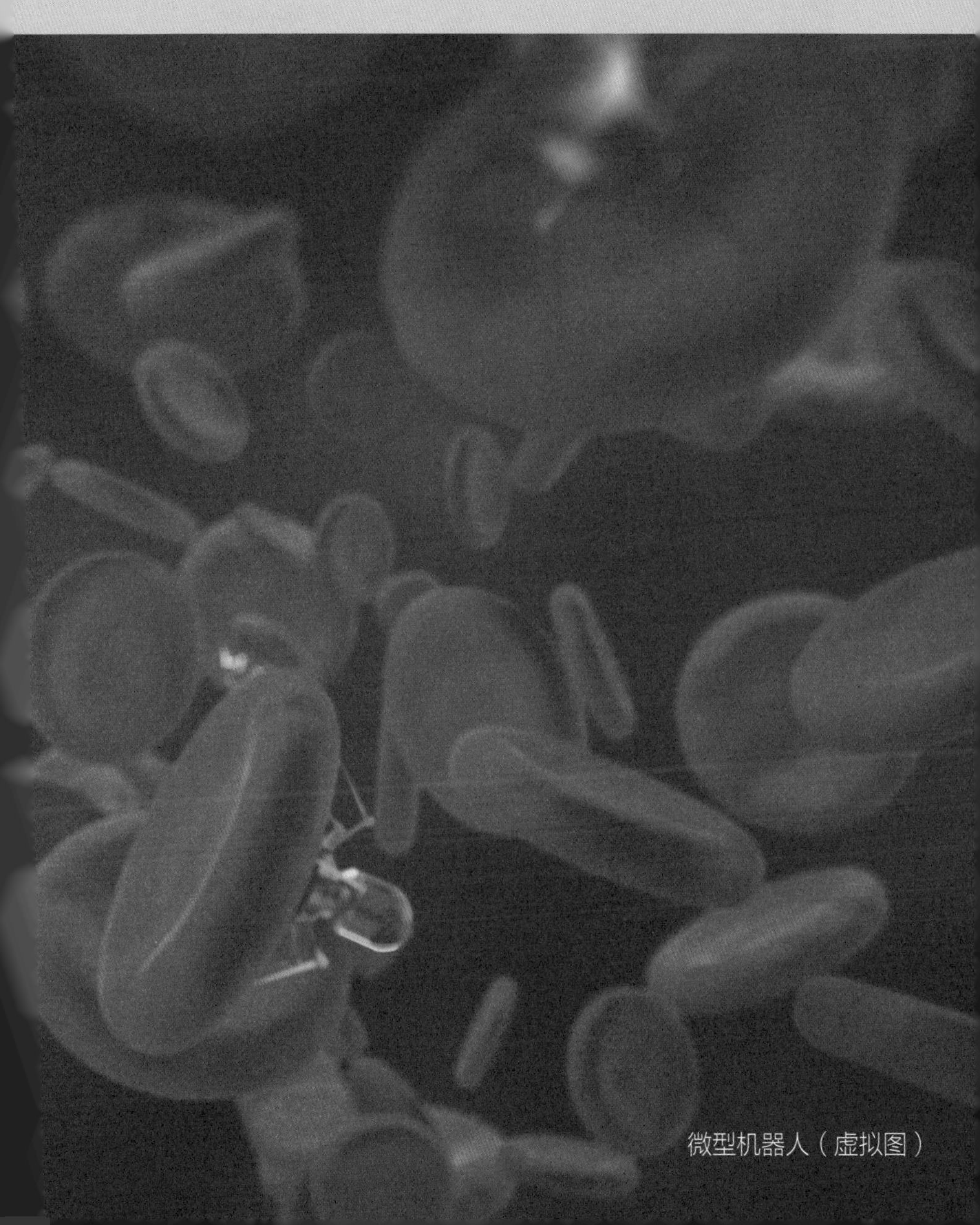

微型机器人（虚拟图）

“如果你能吞下一名外科医生，那么手术将变得有趣而简单。但是我们怎样才能制作出这样微小的外科医生呢？这是我的梦想，我把它留给你们来实现。”

——理查德·费曼《底下还有大量的空间》
（*There's Plenty of Room at the Bottom*, 1959）

60多年前的梦想

早在1959年，诺贝尔物理学奖得主费曼先生曾提出一个梦想：如果我们能够吞下一名外科医生，那么很多复杂的手术都可以变得很有趣、很简单。

那时，这只是一个想法，一种希望能够实现的设想。

10年后，也就是1966年，美国导演将这个设想搬上了银幕，电影名为《神奇旅程》（*Fantastic Voyage*），讲述了一名苏联科学家逃亡到美国的故事，因为他的脑血管受到间谍的破坏，生命岌岌可危。于是，大家想到一个办法：将五名医生缩小到原体积的百万分之一那么大，再把他们注射到苏联科学家的血管内。这五名外科医生在他的体内经历了一系列冒险，最终找到了出血点，完成了任务，成功挽救了科学家的生命。

这部电影虽然带有典型的冷战色彩，但同时也将微型医生的概念首次推广给大众。

然而，我们无法真的将外科医生缩小，因此只能考虑制造一些非常小的机器人，让它们代替缩小的外科医生在人体内做手术。

制作这种微小的机器人面临着很多挑战，首先就是如何让它在人体内动起来，如何让它按照我想要的路径行动，以及如何让它适应人体内复杂的环境。因此，微型机器人的概念在几十年间一直处于沉寂状态，直到21世纪初，才有科学家完成了一些微型机器人的制作。

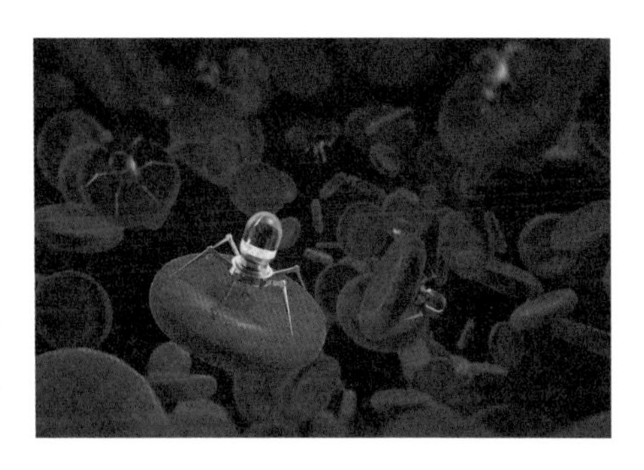

成为机器人的三大要素

微型机器人与我们通常见到的人形机器人有着非常大的区别。从下面的几张图来看，微型机器人更像是几个颗粒、一个螺旋管或一条尾巴，这样的形态如何称之为机器人呢？

实际上，机器人只需要具备三个必备要素：能够感知周围的环境，可以执行一些运动和做出决策——只要满足感知、运动、决策这三个要素的机器，就可以被认为是机器人。例如，我们熟悉的机器人通常通过两个摄像头作为眼睛来感知环境，有胳膊和腿进行运动，还有一个中央处理器作为大脑来做出决策。

那么我们来看看微型机器人是否具备这三个要素。

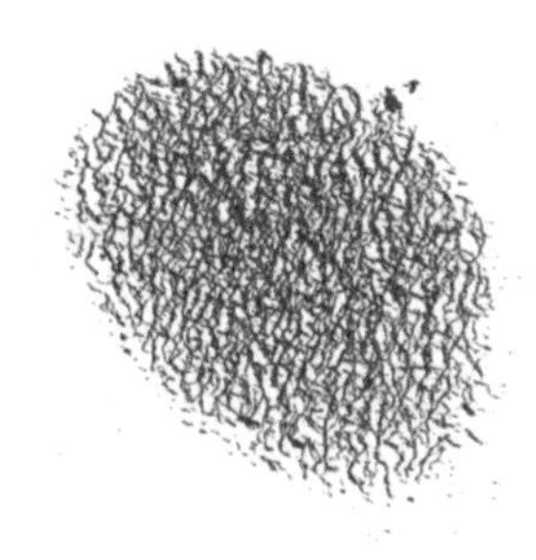

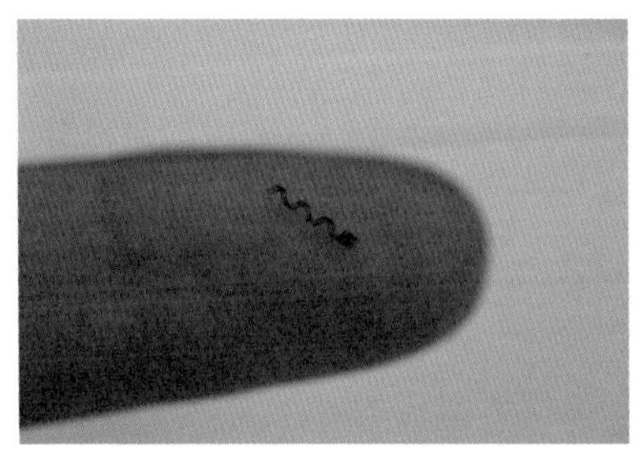

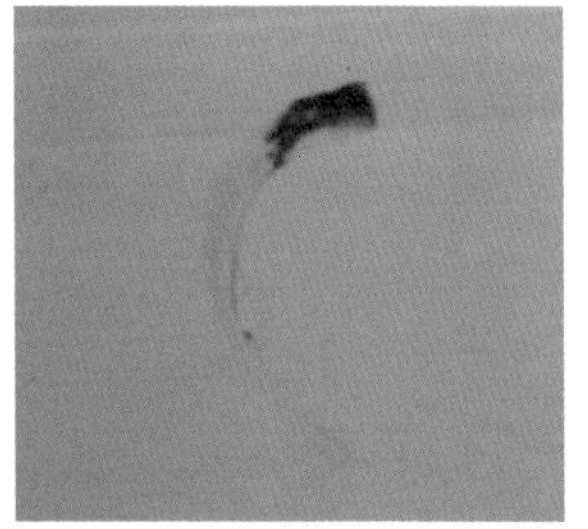

（从左到右）纳米级微型机器人集群、毫米级螺旋微型机器人、毫米级带软尾的微型机器人

最重要的是动起来

要制造微型机器人，首要任务是让它能够运动起来。然而，这并非易事，因为在微观世界中，很多物理定律与在宏观世界里是不一样的。

1976年，诺贝尔物理学奖得主爱德华·珀塞尔（Edward Mills Purcell）提出了“扇贝定律”。这个定律讲的是，在宏观世界里，扇贝在游泳时，会把它的贝壳慢慢打开然后再迅速地合上，通过将水流向后喷出，借助惯性力把自己向前推出去，一蹿一蹿地往前游。然而，如果扇贝处在微观世界，这种开合运动并不能让它往前走，因为在微观尺度下，惯性力在黏性力面前，是可以忽略不计的。假如微型机器人以类似扇贝这种方式运动，当合上贝壳的时候它会往前蹿，但是当打开贝壳的时候它又会慢慢地退回原地。也就是说，它只能做往复运动而无法往前行走。

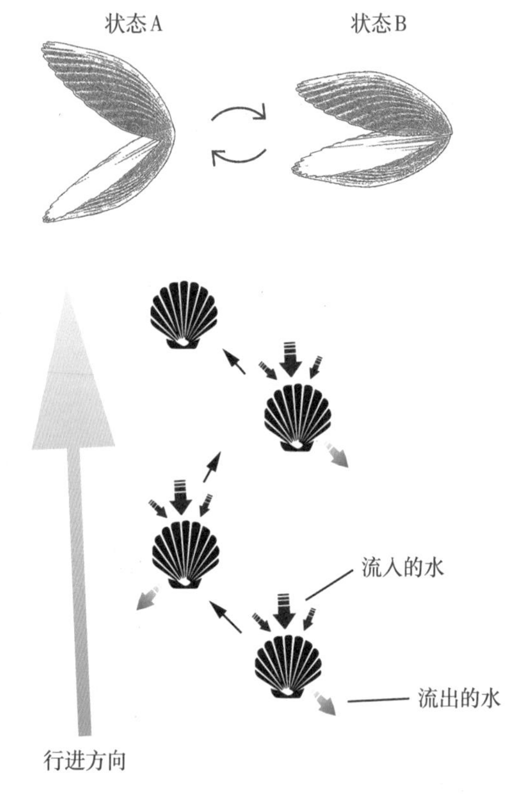

扇贝在水中利用惯性力进行游动

那么在微观世界中，究竟如何才能实现高效运动呢？

从大自然中找到灵感

大自然中的两种运动形式为科学家提供了设计微型机器人的灵感。

一个灵感来源是大肠杆菌的螺旋运动。大肠杆菌有一个“脑袋”和一束螺旋状的尾巴（鞭毛），能够在液体里转动自己的身体。正如之前提到的，在微观世界里，黏性力的作用远远超过惯性力，于是大肠杆菌就让自己转动起来，用一种如同拧螺丝钉的动作，一边转一边往前走。因此，我们便可以根据大肠杆菌的这种运动原理制造出一种仿生机器人——螺旋微型机器人。下一步，只要找到一种使其旋转的方法，它就能高效地运动起来了。

另一个灵感来源于精子的运动方式。精子有一条很长的尾巴，它们会通过不断拍打自己的尾巴，形成柔性振动。这种方式启发了我们制造出另一种仿生微型机器人。只要让这种机器人的头部振荡起来，带动它的尾巴，就能形成高效的运动。

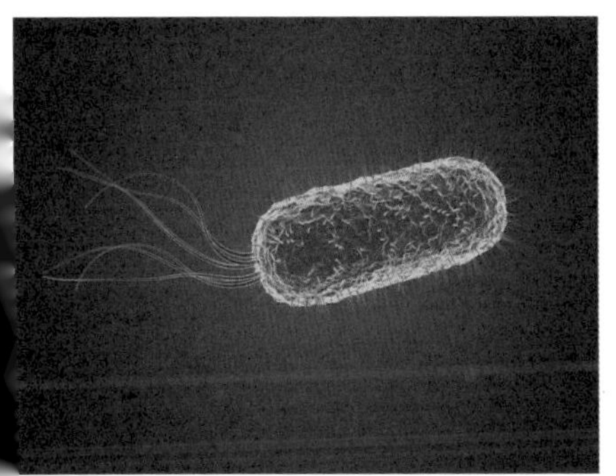

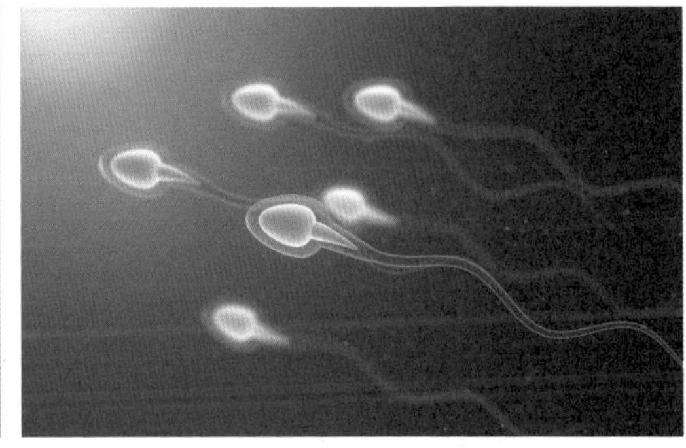

模仿大肠杆菌和精子的运动原理设计的两款微型机器人

在这里顺便提一下，随着微制造技术的发展，现在微型机器人做得越来越小，甚至做到了几百纳米（100纳米=0.0001毫米）的水平。近几年随着软体智能材料的发展，软体微型机器人也被制造出来了。

如何驱动微型机器人？

我们通过仿生学给微型机器人打造出了身体，但如果让它动起来并实现一些功能，该如何赋予它动力呢？给微型机器人附上磁性是一个很好的办法。

机器人具有了磁性后，我们利用电磁线圈制造出一个三维的均匀磁场，这个磁场的方向在空间中是任意的；然后，再通过调整线圈中的电流大小，就能实现对磁场的控制（或者“编辑”），进而可以编辑出各种各样的磁场，比如转动的磁场、振动的磁场、圆锥形运动的磁场。

最后我们把微型机器人放在磁场中，让它受到磁力的驱动，它就能够做出振动、转动等各种运动了。

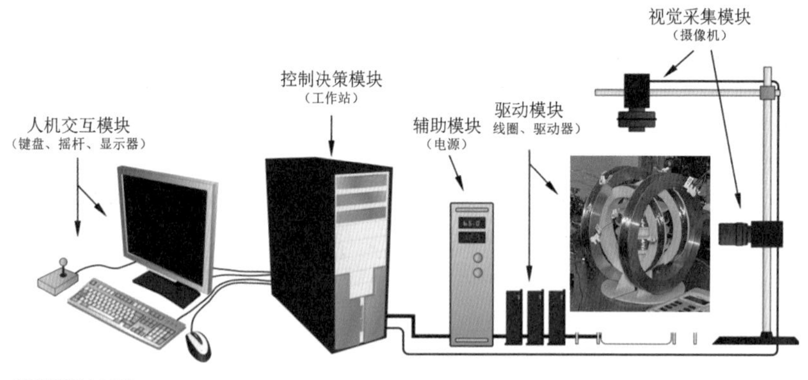

微型机器人系统

让微型机器人运动起来之后，再用外部的摄像头来感知它的方位，用电脑的主机充当它的大脑实现决策功能。如此这般，运动、感知、决策这三个要素就都具备了，它们共同组成一个系统，就成为名副其实的微型机器人。

如何让微型机器人听话地运动？

我们通过上面的操作，让微型机器人运动了起来。但这还远远不够，我们还要让它“听话”地运动，如此才能让微型机器人实现它的功能。

要想让微型机器人能够乖乖听从指令进行运动，我们需要采用一种被称为“路径跟踪”的方法。什么叫“路径跟踪”呢？简单地说，可以把它类比成自动驾驶：要实现自动驾驶，事先就得规划出一条路径，好让汽车按照路径行驶。机器人的路径跟踪与此道理差不多。

自动驾驶系统会根据路况规划路径

当然，要让微型机器人听话地运动比实现自动驾驶更难，因为自动驾驶只需要让汽车在平坦的道路上跑，这是个二维运动问题；而微型机器人在人体内穿梭，是三维运动，相当于要在一个三维空间中实现自动驾驶。

实现“三维自动驾驶”需要用到一种方法叫作“路径微分法”，它的基本思路是：把给定的任意路径微分成一个一个非常小的片段，让机器人在每一个点找到离它最近的片段，以达到控制前进方向的效果。

爬、游、滚、飞，样样精通

我们当然不会仅仅满足于让微型机器人做最简单的动作，而是希望它能够精通“十八般武艺”。比如，我们可以通过控制磁场，让它做出爬行、游动、翻滚、螺旋等各种“酷炫”的动作。

为什么对微型机器人的要求如此“苛刻”呢？因为人体内的环境太复杂了，需要不同的运动以适应不同的“地形”。比如，当面临一个狭窄且扁平的缝隙时，机器人需要爬过去；若有一个狭窄的通道，它需要摆着游过去；若有一个斜坡需要上台阶，它就要像轮子一样滚上去；若有一道很高的障碍，它得通过螺旋运动，像风筝一样飞过去。

再如，对页下图所示的这个十字形薄膜机器人，当它卷曲起来时，十字形的身体就能像挖掘机的铲斗一样，搬运东西。

这种功能如果应用在医疗上，医生一定会兴奋不已。比如，微型机器人可以作为药物的“装载机”，直接载着药物在人体内行走，把药送到需要它的地方，即进行所谓的“靶向治疗”；它还可以充当手术的“侦察兵”，到一般医疗器械无法到达的地方进行探寻和

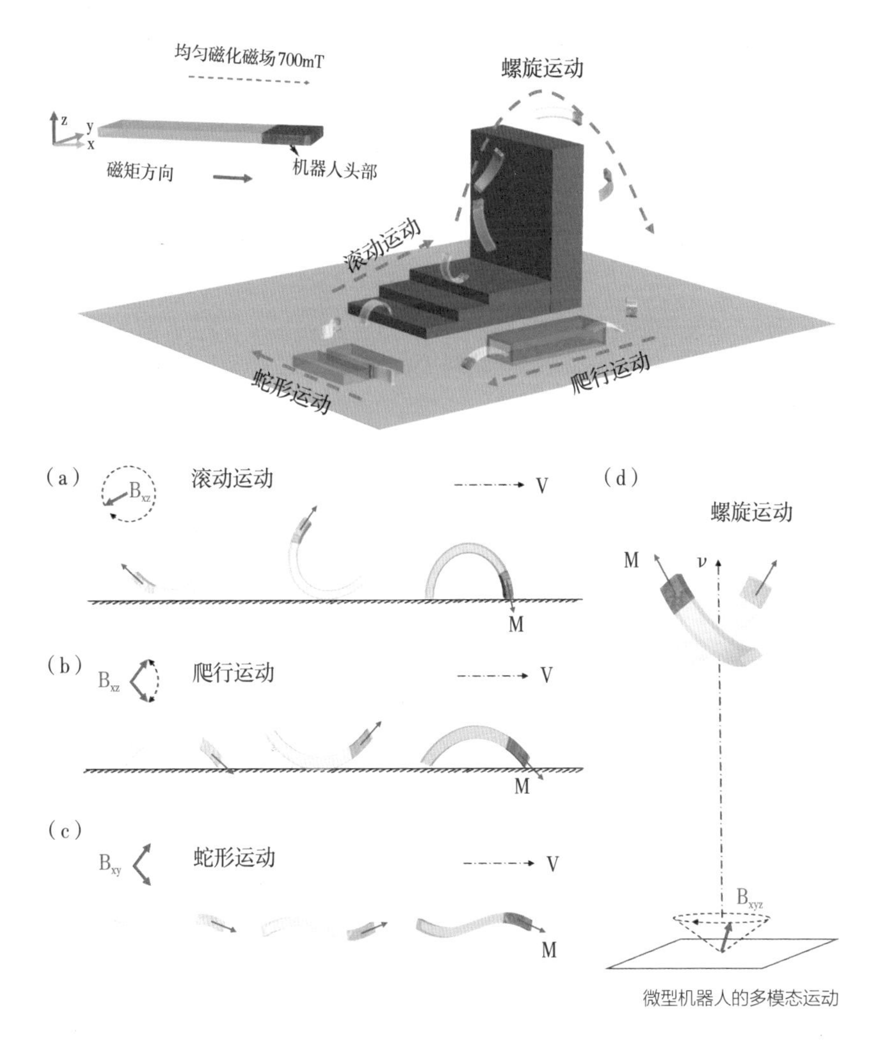

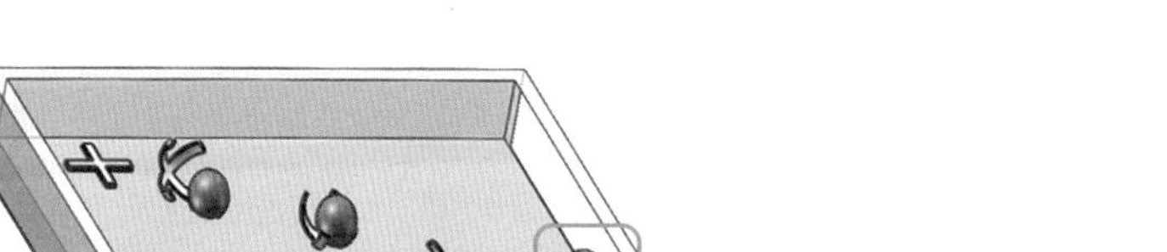

微型机器人的多模态运动

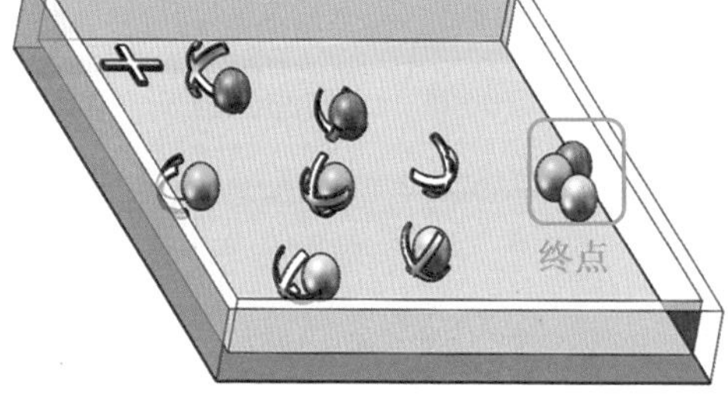

十字形薄膜机器人搬运物体示意图

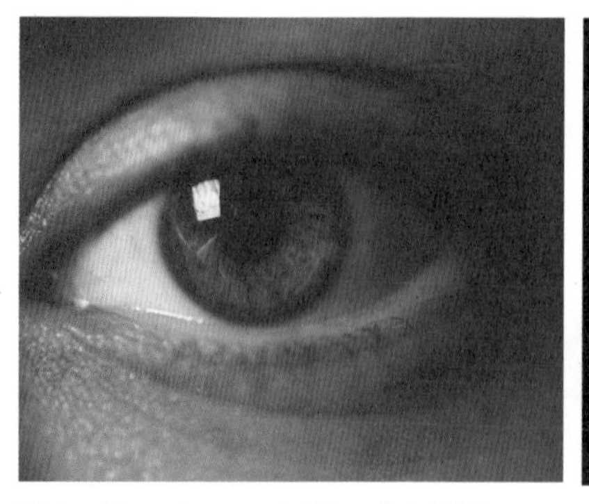
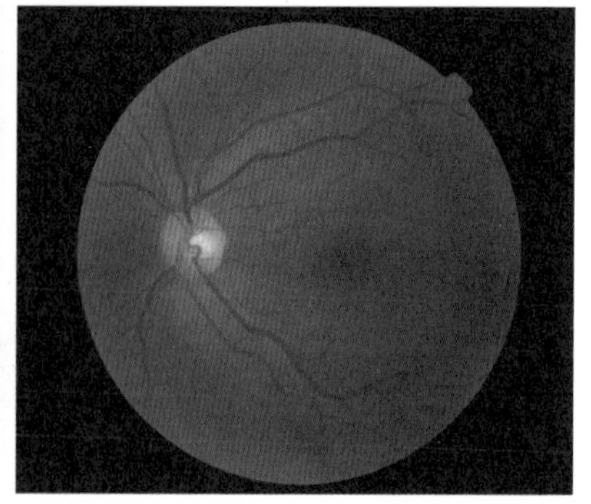

微型医疗机器人可用于治疗视网膜动脉栓塞

采样，采集医生所需的样本；它也可以直接作为手术的实施者，比如在血管里，把血栓溶碎并带出来，直接解决血栓问题。

以视网膜动脉栓塞这种疾病为例。如果眼睛上的小血管被堵塞了，相应的那个区域就看不到东西了；如果视网膜的大血管被堵住就可能会导致整个眼睛失明。然而，现在的医疗手段无法有效解决视网膜动脉栓塞，有了微型机器人，我们就可以把它注射到堵塞部位的附近，它可以自动找到血管栓塞的部位，使用携带的溶栓药把栓塞溶解掉，然后将其带出体外，从根本上彻底治愈这种疾病。

让我们一起期待这一天可以早一点儿到来。

思考一下：

1. 微型机器人之所以被称为机器人，需要具备哪三个要素？
2. 为什么微型机器人需要具备多种不同的运动方式？
3. 作者讲到了哪些微型机器人在医疗上的应用？除了医疗领域，你认为微型机器人未来还能在哪些领域帮助人类？

演讲时间：2020.6
扫一扫，看演讲视频

机器鱼

并不是长得像人，才叫机器人

谢广明
北京大学教授

大家对机器人应该都很熟悉，但可能对机器鱼不太了解。机器鱼是一种应用环境在水下的仿生机器人。虽然它叫“机器鱼”，但机器人概念的重点是机器，并非只有长得像人的才能被称为“机器人”。机器鱼也是机器人的一种。

为什么要研究水下机器人？

我们先来谈谈为什么要研究水下的机器人。这是从实际需求出发的。有两个例子能够显示出这种机器人的巨大作用。

20世纪60年代，美国在举行军事演习时，发生了一起重大事故，一枚挂在轰炸机上的氢弹掉到了700米深的海底。这么危险的武器显然不能就这样丢在海里。最终，美国花费了数千万美元建造了一个水下机器人，才成功将氢弹打捞上来。

第二个例子与我们的日常生活有密切关系。大家都喜欢吃各种海鲜，但很多海鲜的捕捞并不容易。例如，扇贝、鲍鱼、海参等往往需要蛙人下海捕捞。这项工作非常辛苦，蛙人每次只能在水下停留20分钟，这是因为水深压力大，长时间待在水下可能导致职业病。所以，如果机器人能帮人类做这项工作，这将会大大解放劳动力并减小对人类健康的危害。

就现在的技术研究而言，下海比登天还难。这或许让人有些难以接受，但让我仔细分析一下你就能够理解了。地球上海洋的最深处是马里亚纳海沟，其深度大约有1万米，能到达那里的人非常少，人数最多也只有两位数。与此相比，我们平时乘坐的飞机经常在万米高空中飞行，航天员甚至能在太空中的空间站上生活半年之久。但是，大家听过人类长时间在水下停留的新闻吗？没有。这是因为水下的环境与空中的环境截然不同，人类的许多技术无法在水下应用，这就造成了水下技术和水下机器人的发展困难重重。然而，这些挑战更激起了我们研究如何使机器鱼像真鱼一样游动的兴趣。

为什么要研究机器鱼？

实际上，现在已经有了很多水下机器人，并且它们在许多领域得到了应用，但它们的性能仍然存在着很大的限制。机器鱼相较于其他类型的水下机器人具有两个最大的优势。

第一，机器鱼的游动效率高。真正适合在水下工作或者生活的是各种各样像鱼一样的生物，它们经过亿万年的进化，已经非常适应水下复杂、恶劣的环境了，其天生的游动效率远超一般的螺旋桨。而且这些生物具有很好的机动性，极为灵活，能在障碍物中自如穿梭。

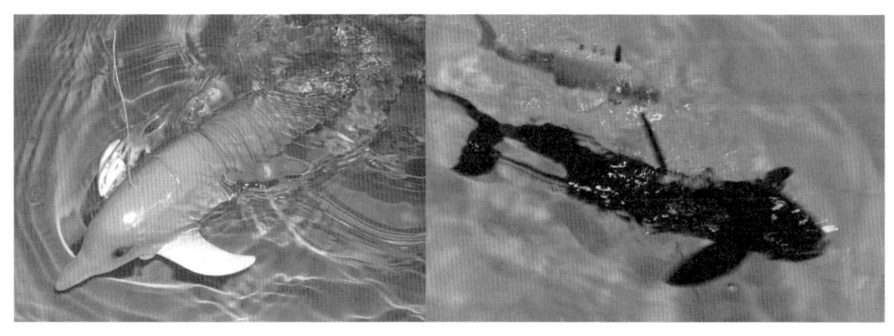

机器鱼样机

第二，仿生型水下机器人具有较高的隐蔽性，尤其是在军事方面。依靠传统螺旋桨推进的水下机器人很容易被敌方发现，但机器人如果以鱼游动的方式前进，就不会有螺旋桨产生的特征，也就难以被对方探测到。

如何让机器鱼像真鱼一样游动？

箱鲀

我们研究机器鱼的目的是希望它能够像它的仿生对象一样自如地游动。上图展示的就是机器鱼的仿生对象之一——箱鲀，它生活在珊瑚礁里面。珊瑚礁里的情况非常复杂，但箱鲀的外形特点使其具有很大的优势来适应这种环境。从正面看，箱鲀的脸部向内凹，而非呈流线型。科学家经过研究分析后，发现内凹的脸形的好处是：当水下的乱流向箱鲀冲来时，它能够保持稳定，不会翻倒。甚至有一家汽车公司基于箱鲀的外形设计了概念车，希望能够实现车辆在

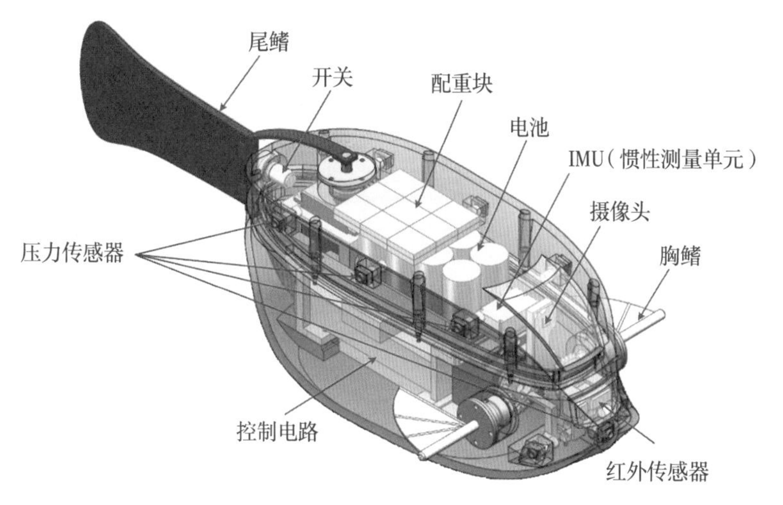

仿生箱鲀的机械结构设计

陆地上更平稳地行驶。

此外，箱鲀具有发达的鳍肢，尤其是胸鳍和尾鳍的协同作用使它能够在水中非常灵活地游动。因此，我们的目标是制造一个具备这些特点的机器鱼，那么具体的制造过程又是怎样的呢?

第一步，我们需要对机器鱼的仿生部分，即鳍肢和内部结构，进行设计。这涉及机械结构设计，以及硬件和电路设计。设计完成后，我们通过3D打印技术制造出内凹的外壳。这样，整个结构组成和硬件基础就做好了。

第二步，我们要设计控制算法，使机器鱼的鳍肢和身体能够协调地配合起来，这样它就能像箱鲀一样在水下游动了。

这样制作出来的机器鱼具备出色的三维机动性能，可以轻松实现前进、后退等

机器鱼的外壳

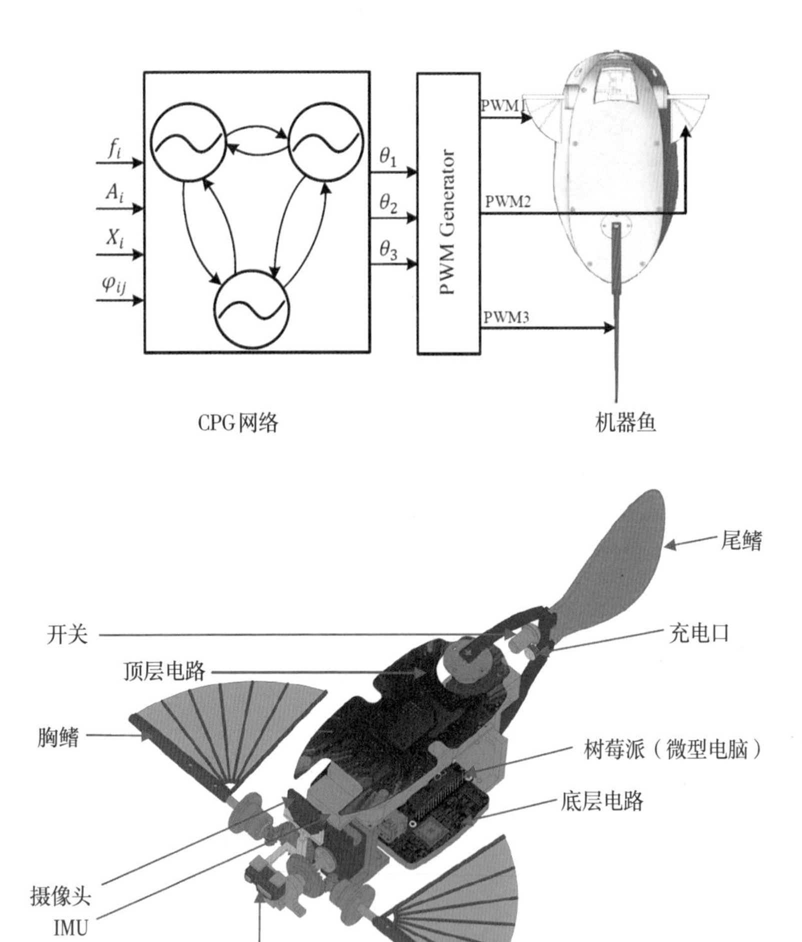

通过设计算法让仿生箱鲀的鳍肢相互配合

基本动作。更重要的是，它还能够通过鳍肢的配合来完成前滚翻、横滚等复杂的动作，具备了和仿生对象一样的水下游动能力。

大家可能会问，机器鱼看起来挺好玩的，但它有什么用处呢？用处其实很多。举一个最简单的例子。基于前面展示的这个仿生箱鲀，我们在它的头上安装一个高清摄像头，甚至不用安装胸鳍，它就变成了一款水下摄影机器鱼。这样我们在水里游玩或者钓鱼的时候，就可以让它在水下为你拍照，记录你的生活，带来非常有趣的体验。

这只是关于机器鱼应用的最简单的例子，当然，机器鱼的发展仍在不断进行，未来它会有更广泛的应用领域和更丰富的实用价值。

如何让机器鱼像真鱼一样感知？

我们希望机器鱼能够像真鱼一样自如游动的目的达到了。那么，能否再进一步，让机器鱼像真鱼一样具备感知能力呢？这是什么意思呢？继续以前面展示的机器鱼为例。它可以在水下拍照，然而，在天气昏暗、水质浑浊等情况下，它的摄像头肯定就不清晰了，没法拍出好的照片，怎么办？自然界的鱼也会面临同样的问题，它也会遇到天黑，也会碰到水质浑浊的情况，鱼是怎么解决的呢？

生物学家发现，鱼类拥有一种陆地生物并不具备的、特殊的感知器官，那就是侧线系统。侧线系统主要分布在鱼类身体的两侧和面部，它能够让鱼类通过感知周围水流的细微变化而感知到各种环境信息，如障碍物、食物、天敌以及同伴的存在，从而形成鱼群。

以鱼类的趋流行为为例。它指的是鱼类在水里喜欢逆流停留的

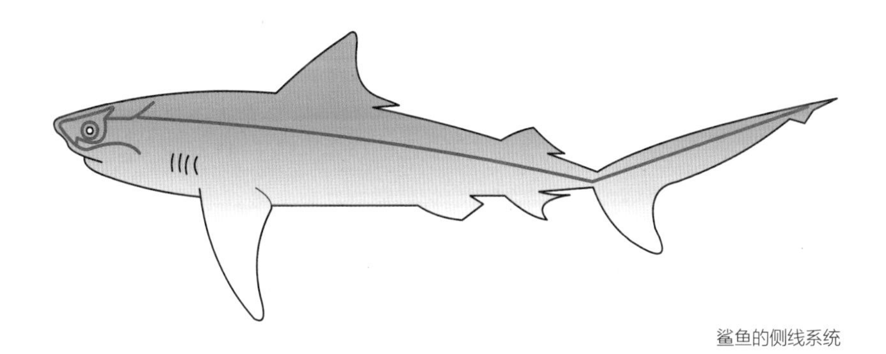

鲨鱼的侧线系统

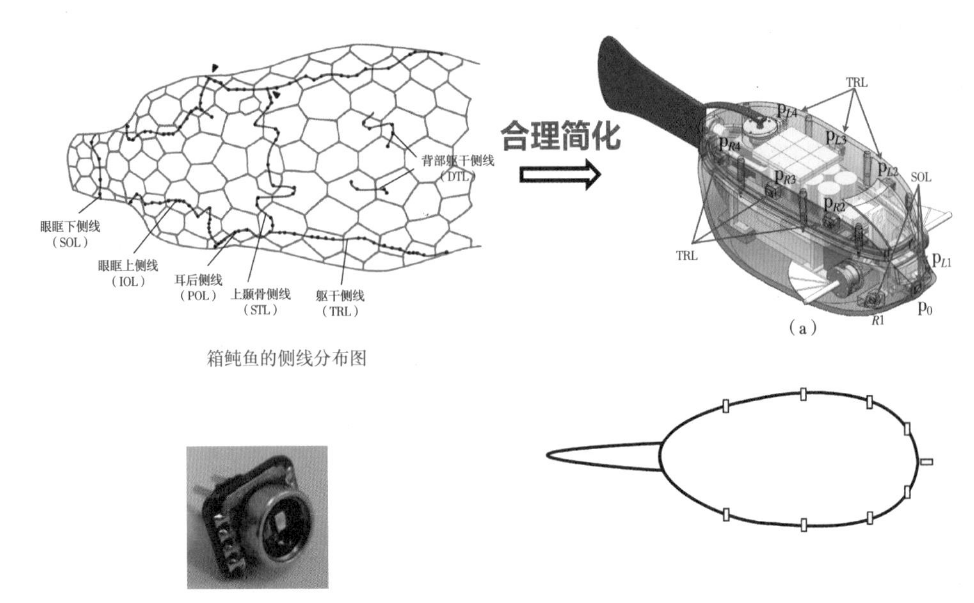

箱鲀鱼的侧线分布图

压力传感器

仿生侧线系统由9个压力传感器组成

用压强传感器来模拟真鱼的侧线系统

行为。顺着水流待着可能有利于鱼类觅食和调整姿态，但只有逆着水流待着，鱼类才能够感知到水流的变化。那么，能不能让机器鱼也具备这样的能力呢?

我们在机器鱼身体的两侧和面部各安装了3个压强传感器来模拟真鱼的侧线系统。虽然仿生侧线系统无法完全媲美真实的侧线系统，但它也在一定程度上表现出了鱼类的感知能力。

通过实验我们发现，当前面有一条普通的机器鱼A，后面有一条装有仿生侧线系统的机器鱼B时，机器鱼B能够通过对其侧线数据的分析来感知前面的机器鱼伙伴，并评估“伙伴”离它有多远。这个实验结果为让更多的机器鱼形成群体提供了可行性依据。

既然鱼类要形成群体，它们就需要互相交流。鱼类在水下是怎么交流的呢?我们发现，弱电鱼可以在身体周围形成电场。因为弱电鱼发出的电场是变化的，也就是交变电场。其他的鱼通过感知电场的变化，就可以和它互动了。这个现象非常有趣，那么我们的机

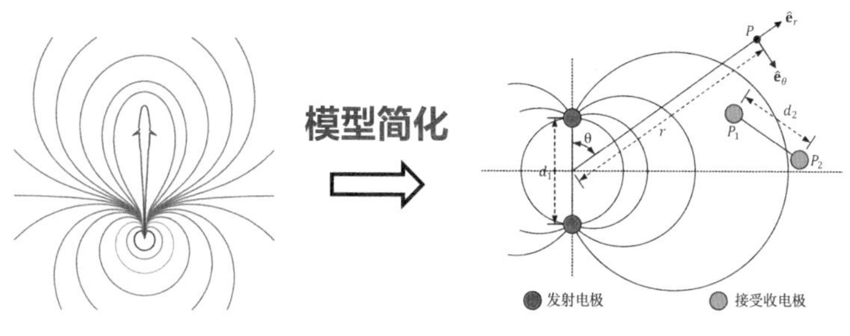

生物电场通信：有一类鱼通过发射和接收电场信号进行信息交互

器鱼也能做到吗？

事实证明是可以的。我们根据鱼和鱼之间交流的原理建立了相应的理论模型，然后设计了相应的电路。这样一来，两条机器鱼也可以通过这种仿生的方式进行水下沟通了！

我们又设计了一个实验：让两条机器鱼一起跨越一个障碍物，其中机器鱼A充当领导，机器鱼B是它的跟随者。A告诉B，咱们要前进了，它们就开始前进；当前面有障碍物时，A就告诉B，赶紧上浮，要不然就撞上了，它们就会一起上浮。上浮后，A再告诉B，水平前进；最后，它们能够一起停下来。这个实验证明，机器鱼能够通过这种新型的水下通信方式进行有效的交流。

为什么我们希望机器鱼能够形成群体呢？因为当在水下有一个机器鱼群时，它们能够帮助我们做很多事。

例如，我们都知道的马航MH370的失事事件，那架飞机失踪了

机器鱼侧线感知实验

很久一直未被找到。为什么呢？因为大海真的太大了，而且它的环境又太复杂，如果只派有限的几个机器人下去，找到的概率太小了。在这种情况下，如果我们能派一个由成百上千条成本较低但具有搜救性能的机器鱼构成的群体去执行搜寻任务，搜寻效率将会大大提高。

让机器鱼帮真鱼找到回家的路

我们在研发机器鱼时，大都将真鱼作为“导师”来开发机器鱼。那反过来，机器鱼能否“以假乱真”，让真鱼产生认同感呢？我们把机器鱼放到湖里测试时，发现了很有意思的现象——机器鱼在前面游，湖里的很多真鱼都跟着它走了。基于这一点，我们给机器鱼找到了一个非常有实际价值的潜在应用。

由于水力发电是一种可靠的清洁能源，如今修建大坝来利用水能发电已经是一种趋势。虽然人类能够从中受益，但许多鱼类可能因此面临灭绝的风险。因为很多鱼类需要从河流下游洄游至上游产卵，以完成物种的生命周期。然而，大坝阻断了鱼类回到上游的路

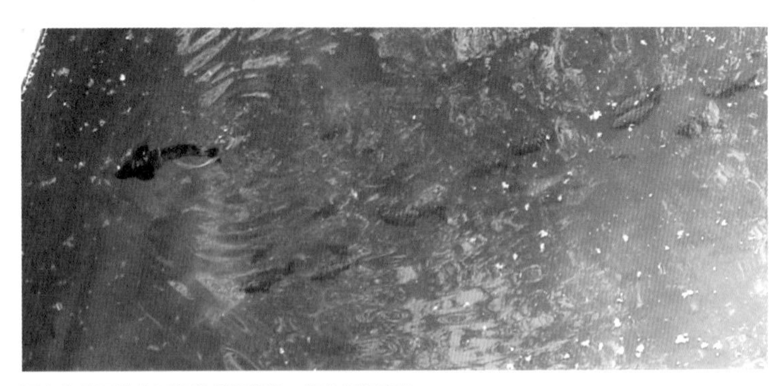

图中在前面游的黑色鱼是机器鱼，红色鱼为真鱼

径，使它们无法像以前那样产卵，导致它们的种群无法延续。

为了解决这个问题，在建造大坝时，人们会修建一条“鱼道”。鱼道通常位于大坝的一侧，一般比较窄。相对很宽的河流，鱼从下游游过来后往往无法找到鱼道的入口，修建鱼道的目的也就无法实现。因此，人们开始思考如何让鱼知道它们可以通过鱼道游上去。人们尝试了多种方式，包括声音、光电刺激等，但效果都不太理想。那么，能否借助机器鱼把真鱼引到鱼道的入口呢?

机器鱼的研发人员与水利工程方向的研究人员展开了合作，在实验场地展开了测试，以确定机器鱼能否持续地引导真鱼游向预定的目标点，初步测试结果非常好。这项工作非常有意思，最初，我们向鱼类学习，希望从它们的身上学到优点；而现在，我们反过来可以帮助鱼类，以保持它们的生存能力。

随着技术的不断进步，机器鱼将在更多的场景中得到应用。未来可能会出现“超级机器鱼”，它将集成鱼类的各种特性，其能力可能超越单一的鱼类，做到“机器鱼出于鱼而胜于鱼”。

演讲时间：2022.7
扫一扫，看演讲视频

思考一下：

1. 科学家为什么要研究水下机器人？
2. 机器鱼能够感知水流是模仿了鱼类的哪种器官？
3. 机器鱼能帮人类做哪些事？

仿生眼

引爆机器人寒武纪

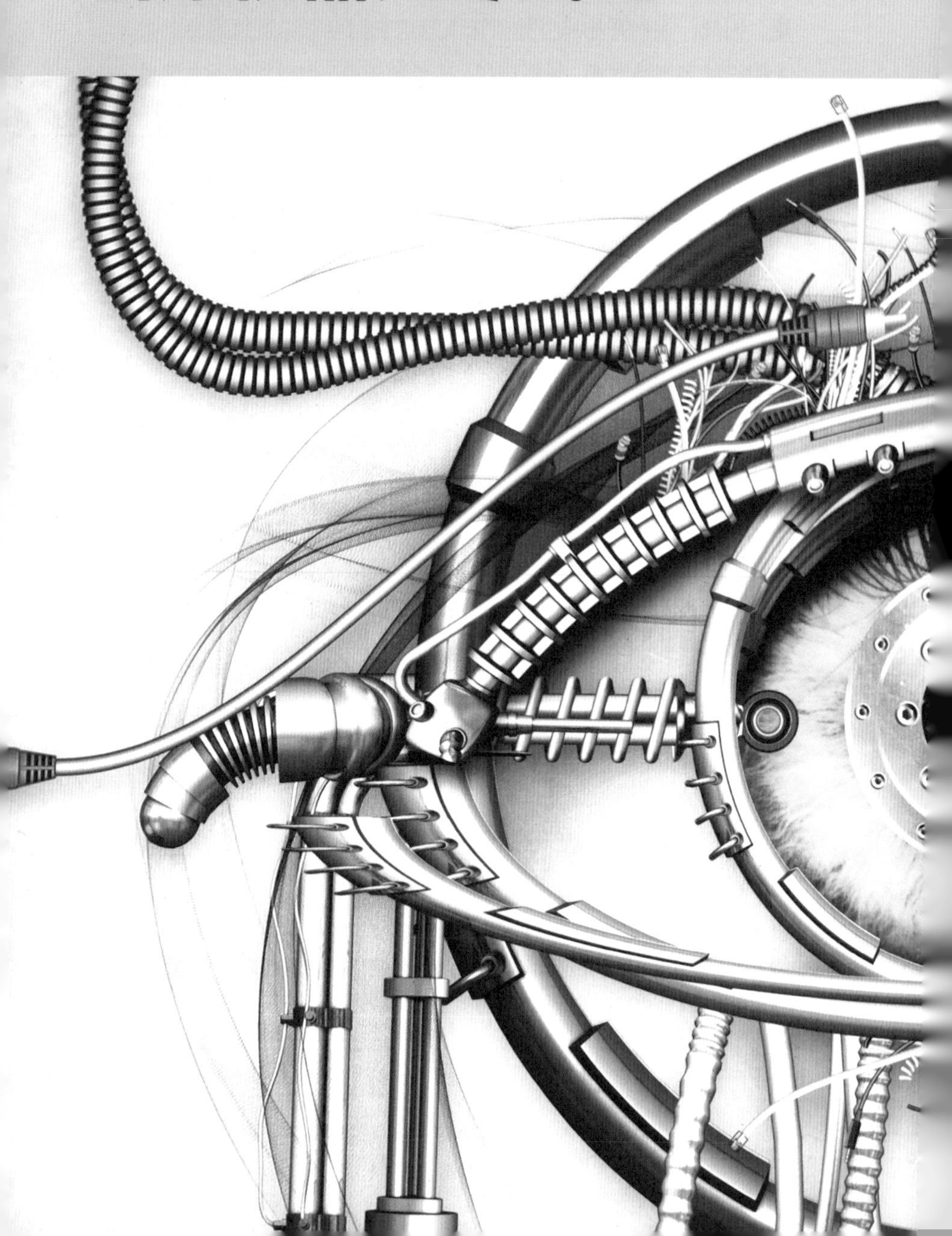

张晓林
中国科学院上海微系统与信息技术研究所研究员

眼睛的诞生引发了生命大爆发

眼睛是绝大部分生物赖以生存的重要工具。可以说，没有眼睛，包括人类在内的绝大部分生物都将无法生存。

那么，眼睛是如何诞生的呢？我们可以想象一下，在5亿多年前的寒武纪，一个小小的生物突然长出了一颗感光细胞。有了这种细胞，生物可以更好地感知周围的环境，生存能力得到了大大提升。

随着时间的推进，眼睛从最简单的光感受器官逐渐演化成了形态和功能各异的结构，它能够帮助生物准确捕捉猎物、避开天敌以及选择适宜的栖息地。眼睛的进化使生物可以相互追逐和吸引，为其生存和繁衍带来了巨大的优势。虽然在此之前生物也存在两性，但当时的它们无法非常有效地找到彼此。

眼睛功能的进化不仅丰富了生物界的形态结构，也推动了物种的分化和进化。在几百万年内，地球上的物种陡然增多，这一现象被人们称为“寒武纪生命大爆发”。在这个时期，生物的眼睛多样性水平达到了前所未有的高度：有一只眼的生物，也有三只眼的、六只眼的，甚至有浑身都是眼的。

寒武纪海底（想象图）

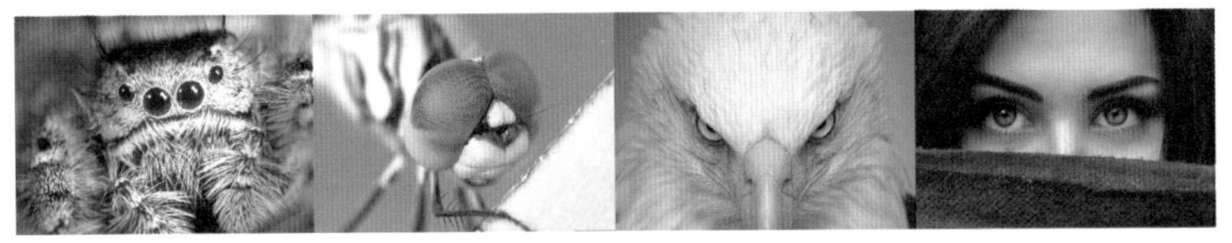

（从左到右）蜘蛛眼、复眼、鹰眼、人眼

不过，经过亿万年物种的竞争和自然的选择，目前，自然界主要存在着四种眼睛，我们做的仿生眼主要模仿的就是这四种眼睛。

仿生眼的四大类型

在进化到最佳状态的生物视觉系统里，蜘蛛眼是结构最简单的一种。

蜘蛛眼

蜘蛛有8只眼睛，前面4只，后面4只。由于蜘蛛没有脖子，所以它进化出这种眼睛的分布结构，从而能够360°全方位地观察环境。它的每只眼睛里都有感光细胞，比如脑袋前面这两对眼睛里共有两万多个感光细胞，相当于一台两万像素分辨率的固定相机。我们把目前各行各业主要应用的（双目的以及多目的）立体相机都称为仿生蜘蛛眼。

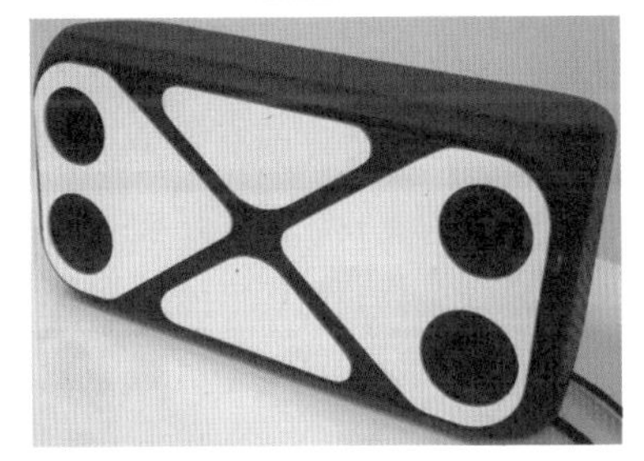

仿生蜘蛛眼

昆虫的眼睛就是复眼，它是自然界里种类最多的眼睛。复眼因由许多只小眼组成而得名，每只小眼都是一个独立的感光单位，苍蝇大约有4000

蜻蜓的复眼

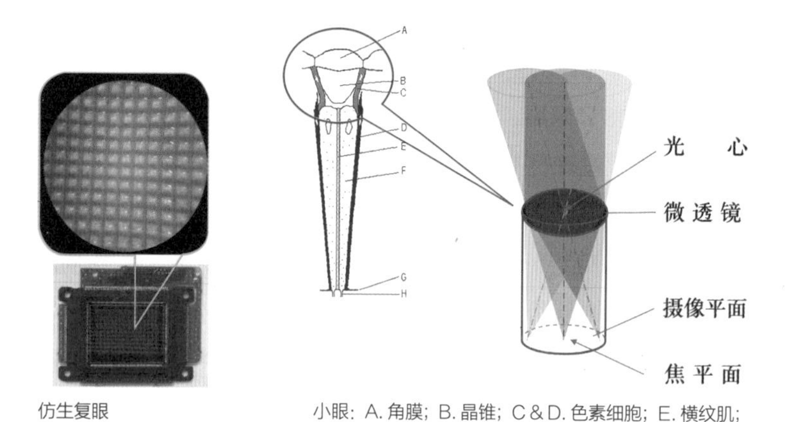

仿生复眼

小眼：A. 角膜；B. 晶锥；C & D. 色素细胞；E. 横纹肌；F. 感光细胞；G. 具孔膜；H. 视神经

只小眼，蜻蜓有25 000多只小眼。复眼看东西远不如人眼清晰，但它能敏锐地感知移动的物体。螳螂从发现猎物到用它的“镰刀”抓住猎物只需0.05秒。

复眼的每只小眼上都有一个“微透镜”（晶锥），它能够将光线聚焦到下方的焦平面上。焦平面上的每个感光神经都接收特定方向上的平行光。以蜻蜓和果蝇为例，它们的每只小眼都有8个感光神经，因此每只小眼可以接收8束来自不同方向的光；我们如果将每只小眼中的感光细胞获得的图像提取出来，就能得到8幅图像。因为生成这8幅图像的光来自不同的方向，这样就可以形成视差[1]，使昆虫可以感知深度和距离。也就是说，像昆虫这样大脑结构不太复杂的生物，也具备立体的视觉，使它们能够落在树枝上或者捕捉猎物。

模仿复眼做出来的就是仿生复眼。例如，在普通摄像机的感光元件上贴上微型透镜，每个微型透镜接收光线后都可以在感光元件上形成几个像素的图像，将每个微型透镜形成的图像汇总起来，就可以得到一个完整的图像。然而，这种仿生复眼有一个问题，那就是由于技术尚未成熟，我们还做不出来球面的感光元件，平面的感光元件只能接收来自一个方向的光，导致它的视场角有限，其视野无法与普通相机媲美。

高等动物，尤其是脊椎动物，进化出了更高级的视觉系统。下面我们来看一看第三种眼睛：鹰眼。

鹰眼

仿生鹰眼

1 视差：从两个不同位置观察同一个物体时，此物体在视野中的位置变化与差异。

我们都知道，鹰眼的特点之一是能够看得非常远。老鹰可以在几百米的高空看到地面上的蛇和老鼠等猎物。除了看得远，鹰眼还有一个特点——它有两个中央凹。人眼只有一个中央凹，因此在人的视野中，中间比较清楚，边缘比较模糊。但是鹰眼有两个中央凹：深中央凹负责看很远的地方，浅中央凹负责看相对较近的地方。

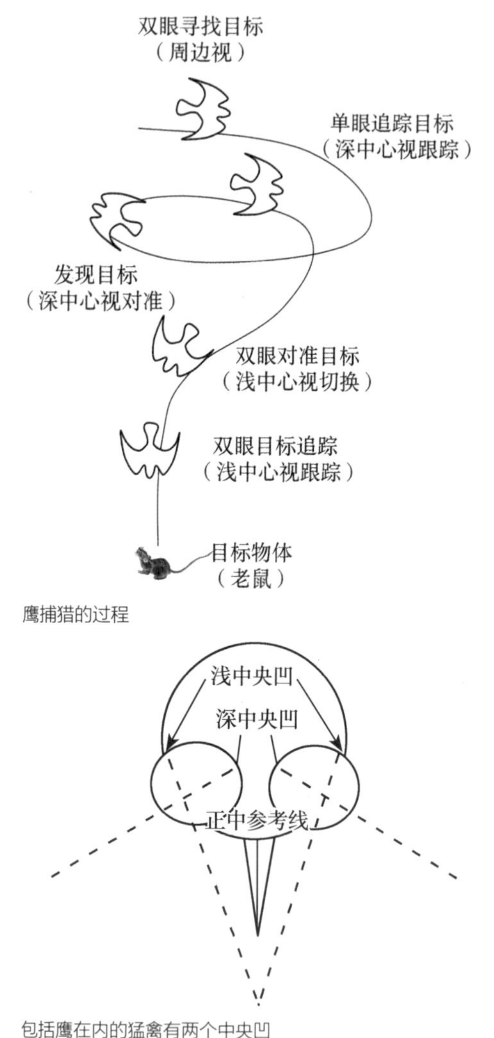

鹰捕猎的过程

包括鹰在内的猛禽有两个中央凹

当鹰在高空盘旋时，它先会用其中一只眼睛向下看，即用深的中央凹来观察地面情况，如果发现下方有猎物，比如一只小老鼠，它便开始盘旋下降。

当鹰接近地面时，距离猎物更近，它就会切换到浅中央凹，并通过使用两只眼睛观察目标来获得深度信息，从而精确测量距离，迅速锁定目标。

从左侧的示意图中我们可以更清楚地看到，从鹰眼的深中央凹引出的两条线无法在鹰的正前方汇聚。也就是说，深中央凹无法形成立体视觉，所以鹰在看远处的时候只能用一只眼睛看。

我们根据鹰眼的视觉机制，开发了一款相机。它有四个摄像头，分别是远焦、中远焦、广角和远红外摄像头。这个鹰眼结构的相机还带有补光模块和激光测距仪。这种相机可以用在无人机或者汽车上，能够观测到很远的地方。要想在深山老林里监测动物，或者在西藏高原监测冰川，我们就会使用这种相机。

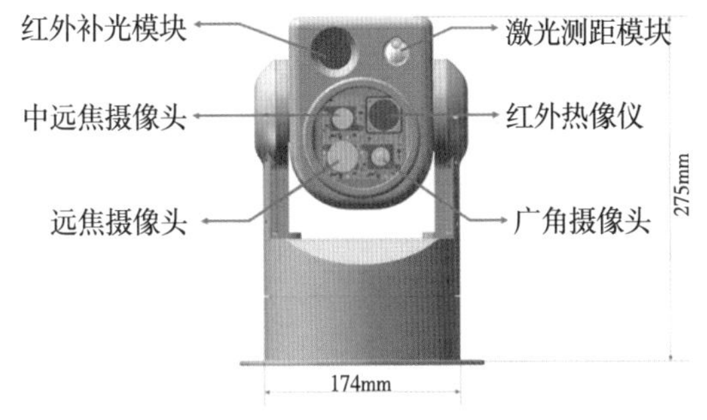

鹰眼结构的相机

以上几种眼睛各有各的特点和优势，虽然人眼在视野广度等方面不如某些动物的眼睛，但在所有眼睛里，最好的、综合能力最强的，还是人眼。

为什么人眼的能力比其他生物的眼睛都强大？这是因为人眼通过视神经直接和大脑相连，可以说，我们的眼球其实就是大脑的一部分。人类的大脑是地球上所有生物中最发达的，那么相比其他生物的眼睛，人眼的能力就更高级、更复杂。例如，人类可以通过眼睛来传递感情，“暗送秋波、眉目传情”这些词语只能用来形容人眼。模仿人眼就是仿制大脑最精密的部件，所以，仿生人眼的研究是最难的。下面我们就主要来看一看开发仿生人眼所面临的一些挑战。

双眼可动为何如此重要？

高等动物的视觉有两个显著特点。首先，它们都有两只眼睛。几乎所有高等动物，即脊椎动物，都只长着两只眼睛（二郎神只存在于想象中）。其次，它们的两只眼睛都是可动的，没有一种高等动物的眼睛是静止不动的。

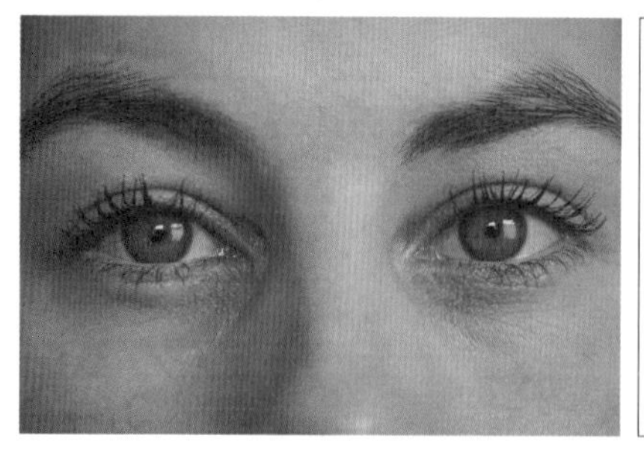
人眼

仿生人眼

为什么会出现这种情况呢？首先，两只眼睛能够形成立体视觉，左右眼只要借助三角算法[1]就可以测距离。其次，要想看得远、看得广、看得清、跟得上，双眼就必须可动。

双眼可动与“看得远、看得广”有什么关系呢？例如，如果我们想用相机拍摄远处的景物，就必须用望远镜头。望远镜头的焦距变长，会使视场角[2]变窄，所以我们必须移动相机才能看到不同位置的景物。

双眼可动与“看得清、跟得上”又有什么关系？想象一下，如果下图中的大鱼要抓小鱼，它的眼睛就要紧跟着小鱼，确保视线焦

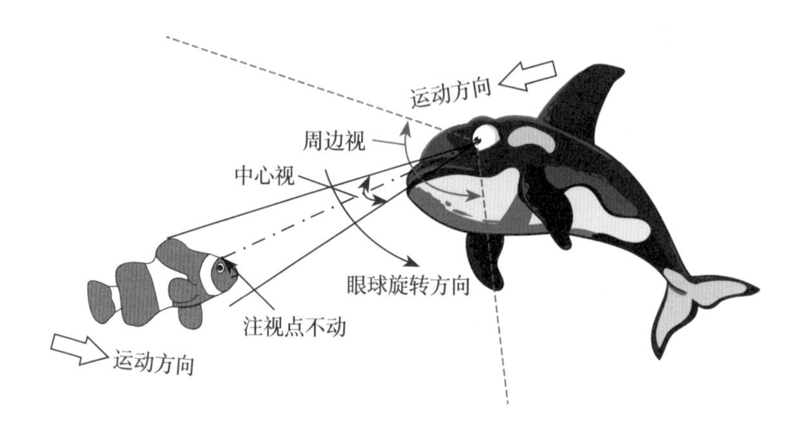

1　三角算法：大脑利用双眼的视差（以及对物体的大小和运动的感知），来推断物体的位置和距离。
2　视场角：以光学仪器的镜头为顶点，以被测目标的物像可通过镜头的最大范围的两条边缘构成的夹角。视场角决定光学仪器的视野范围。

点始终锁定在小鱼身上，这样大鱼的双眼获取的图像就会很清楚。同时，大鱼要时刻把握小鱼的动向，不能让它离开视线，否则就会跟丢小鱼。所以，双眼可动是高等动物视觉的必然进化结果。

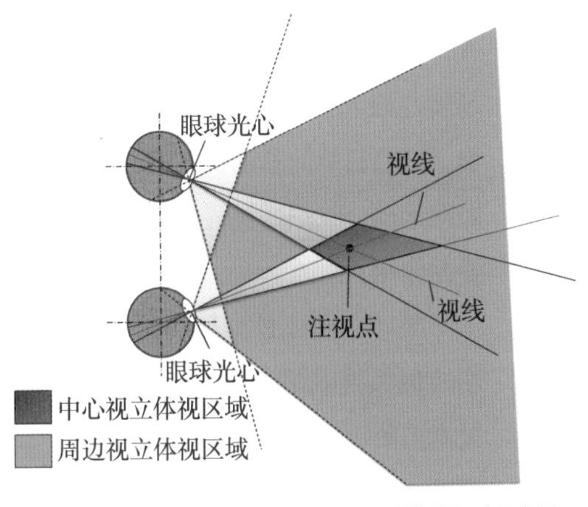

双眼协同运动示意图

目前，人工机器视觉领域的大部分研发都是针对固定的视觉系统，如多目和单目系统。新的研发方向是使仿生眼能够动起来。

高等动物的双眼具有三个自由度。这意味着眼球不仅可以在水平和垂直方向上（左右、上下）转动，还可以整体旋转。而一般的旋转可控相机只能在水平和垂直方向上转动。

此外，高等动物的双眼还具有双眼协同运动的能力，这一点非常重要。举个例子。当我们的左眼注视一个物体时，右眼就会注视同一个物体，无法看向其他地方。这种双眼协同运动对高等动物捕猎至关重要，因为它们需要准确判断猎物的距离并保持视线的稳定。

老虎捕猎时会进行双眼协同运动

比如，上图中间视线汇集处的黑点叫注视点。当我们看向某个地方时，双眼的光轴就会对着那里。灰色的中心视立体视区域范围很小，这是双眼能看清的地方；周边视立体视区域范围比较广，这里双眼看得比较模糊。高等动物，如老虎、人类，在盯着猎物看的时候，一定会把双眼对准猎物。随着目标的移动，双眼会同时做相应的运动，这种运动就叫作协同运动。双眼的协同运动对我们准确感知和理解周围环境起着重要的作用。

眼球运动还是高智商的体现。在开发仿生眼技术时，我们面临的最大挑战是无法人为控制仿生眼的注视位置。我们不能仅通过点击鼠标告诉仿生眼应该看向哪里，而要让仿生眼自主决定看向哪里。

当一个人看左下图中的小女孩的时候，右下图就是他的视线移动轨迹。我们可以看到，视线最为集中的地方是眼睛和嘴。眼睛和嘴对了解一个人至关重要，因此我们的视线会不断地从其他区域跳回这些区域。如果机器人能拥有这个智商水平，那它就真的“活”了。可见仿生眼的自主注视能力是评价其智能水平的重要指标。

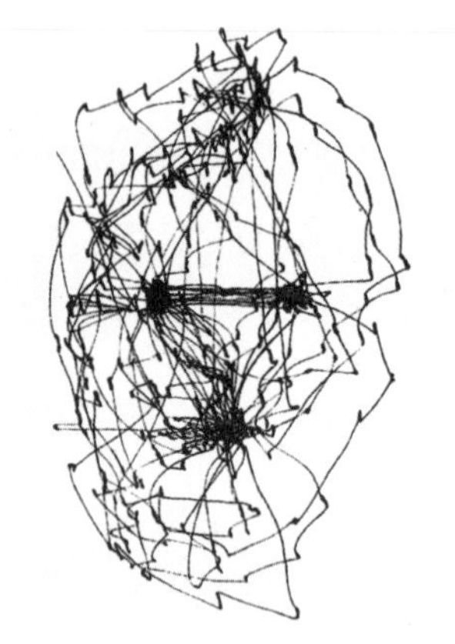

仿生眼对人眼能力的模仿

下图是我们研发的仿生眼,它已经初步具备了人眼的一些特征。首先，它的眼球可以自由旋转。此外，它还拥有出色的防震性能，即便我们把它拿起来晃动，它接收到的图像也不会抖动。它的设计考虑了人眼自然的稳定性和适应性，使它能够在运动、震动或其他外部干扰的情况下保持图像清晰、稳定。

仿生眼的眼球会跟随着照片的移动而转动，即使它下面的桌子在晃动，它的跟踪功能也不受影响，它仍然能保证照片位于视觉的正中心。

仿生眼功能：多种眼球运动信号的融合

这种效果是机器通过模仿人眼的前庭动眼反射功能来实现的。前庭动眼反射是人类通过耳朵内的前庭器官（半规管和耳石）的信号来控制眼动的一种生理机制，这种生理机制能够在头部运动时使视网膜成像保持稳定，具体表现为头部做旋转、直线或倾斜运动时眼球反向运动。在仿生眼中，前庭器官的功能是借助IMU（惯性测量单元）来实现的，它由陀螺仪和加速度传感器组成，用这些传感器的信号来控制眼球的运动，以实现前庭动眼反射功能。这样一来，仿生眼的眼球就不会受到外部震动的影响，即使外部发生震动，眼球也依然能够保持稳定。

另外，仿生眼还可以做切换运动。下图中的红点代表仿生眼注视的位置。仿生眼可以一会儿看这个点，一会儿又看那个点，即仿生眼的视线可以迅速地在不同的红点之间进行切换。这是人眼的基本功能之一。

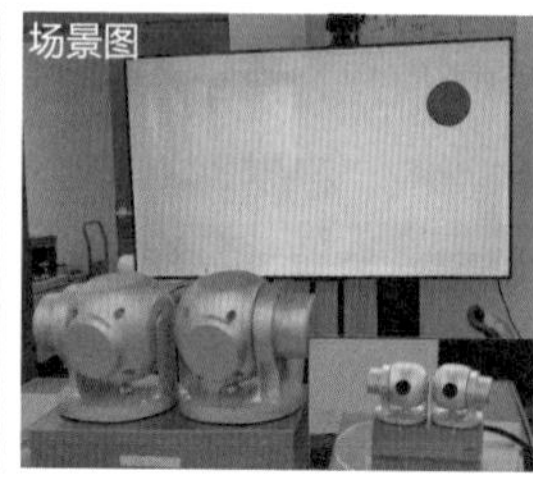

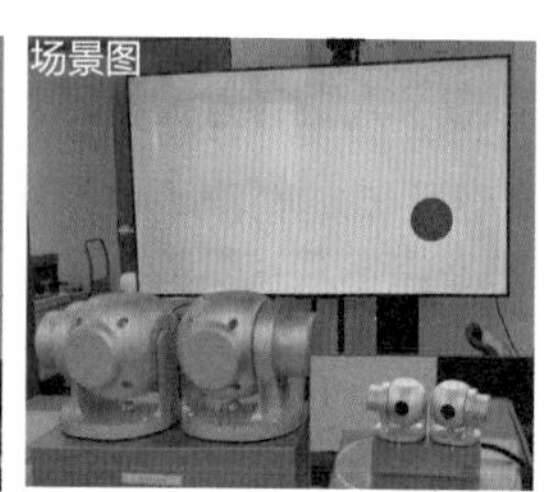

仿生眼功能：跳跃型眼球运动

很多稳拍系统的功能就是让摄像机保持稳定,无论下面怎么动,上面都能保持稳定。但对仿生眼来说，这是远远不够的。要实现真正的仿生，仿生眼还要能够快速转动才行。因为当有东西跳过去或者需要切换注视点的时候，眼睛必须能立即跟上。因此，仿生眼的电机动力要非常强大。我们研发的仿生眼的眼球旋转力就很大，即使用力扳都很难扳动。

除了前面介绍的功能外，仿生眼还具有三维重建功能。在仿生眼的两个相机对准中间的注视区后，它就能形成立体感。仿生眼进行三维重建的原理与激光雷达探测目标的原理类似。如果仿生眼在晃动中看对页图中左上方的图像，它就会生成右下方的深度图。深度图中颜色越蓝的物体距离就越近，颜色越红的物体距离就越远。然后，仿生眼会在深度图上补上实际的颜色，生成左下方的立体图像。这样仿生眼就能感受到物体的三维立体形态了。

在晃动的情况下仍能实现三维重建是仿生眼非常关键的技术突破。目前，世界上其他团队还不能在仿生眼的两只眼球同时运动的情况下生成立体图像。这主要是因为立体图像的生成与转角传感器

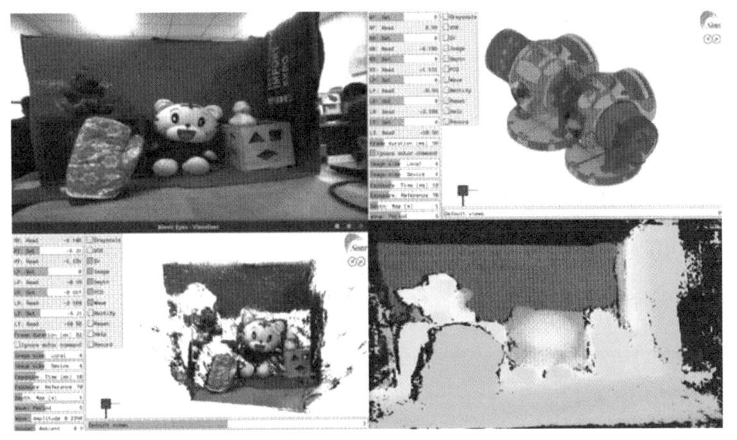

仿生眼功能：三维重建

关系非常密切，这里面有一整套算法。

一旦真正的仿生眼被制造出来，就会令所有人惊叹：它能够做到想看什么就看什么，并且它看到的图像还是立体的。当这些功能都成熟后，再融合大数据和人工智能，所有固定相机积累了几十年的算法都可以被仿生眼所用。仿生眼的应用前景充满了各种可能性和想象空间。

仿生眼的功能全都实现后，它就要进入更高端的智能阶段，实现更复杂的应用。显然，一台小型计算机的运算能力已经不能满足需求了，所以要把仿生眼接入云端，通过大型计算机来处理它获得的海量数据。

比如，人们可以给仿生眼看雨伞和背包，告诉它这是雨伞和背包。然后它通过识别来不断地积累知识，形成一个庞大的知识库，可以随意调动知识库中的内容。当有人对它说“杯子”这个词时，它就能够马上把实验室、整个楼层，甚至所有学习过的与杯子有关的信息都调出来。如果有人说想喝一杯水，它就会去找杯子和水的信息，并将它们整合起来。这种能力已经在云脑上实现了。

仿生眼的应用

除了三维重建之外，仿生眼的应用有很多，比如实例分割、显著性结果等。实例分割就是把仿生眼看到图像中的不同物体区分出来。仿生眼还能呈现显著性结果，如果它对哪个区域特别感兴趣，它就会用热力图显示出来。

仿生眼应用：为机器人提供丰富、可靠的视觉信息

仿生眼还能辅助机器人实现立体抓握。例如在对页上图中，机器人看到一个小型立体玩具，想用机械手去抓时，由于机械手没有像人手那样灵活的手腕和手指，因此它必须知道应该从哪个角度去抓玩具才能将其抓起来。这时，仿生眼的三维重建功能的重要性就体现出来了。

接下来，我们来看一个仿生眼在无人驾驶方面的应用。我们设计了一个实验：如对页中图所示，我们在一个小车机器人上放置了一双仿生眼（BE）和一架双目相机（ZED），目的是比较二者在小车行驶中拍摄画面的质量。

我们可以看到，在对页下图中，仿生眼和双目相机拍摄的图像是不一样的，左上方的图像是仿生眼拍摄的，画面是平稳的；右上

仿生眼应用：帮助机器人自主分析与决策

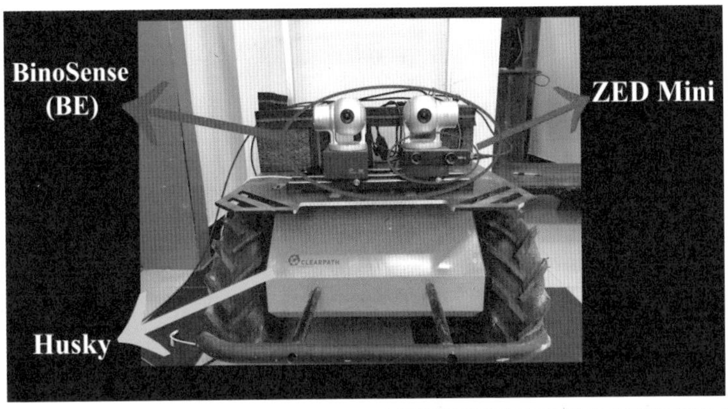

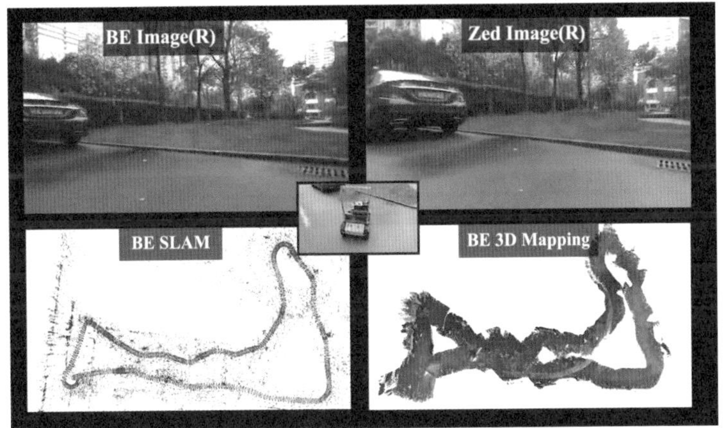

仿生眼应用：多地形自动驾驶

方的图像是双目相机拍摄的，画面晃动得很厉害。

上一页左下方的图像是小车机器人做出的轨迹图。它可以看到自己的位置，并根据空间上的点的移动，算出自己的轨迹。图中有很多黑点和红点，我们管这些点叫特征点。右下方的图像是机器人测量并画出的三维地图，也就是机器人边走边画的地图，它走过的地方都会在三维地图上显示出来。

如果我们提前给小车机器人提供目标地图，它自然就会按照地图走。但在这个实验中我们没有给它提供地图，而是让它自己控制行走路径。它能够边走边测量，只要它走过一个地方，就能画好这个地方的地图。

小车机器人上放置的仿生眼和固定双目相机在行进过程中都拍摄了视频并生成了地图。从本页下图中我们可以看到，两者对同一个平的地方画图，仿生眼画出的地图是一幅平面地图，双目相机画的地图不是平的，产生了分层，这意味着双目相机画的地图不精确。从这个比较实验中我们能明显体会到，仿生眼将在无人驾驶、无人

双目相机画的地图（下）明显分层

机等各种运动平台上发挥重要用途。

Bino-Sense 仿生眼

情感交互智能机器人是科学上正在攻关的仿生眼应用。迪士尼公司以及德国萨尔大学人机交互实验室都有了相关的成果。但目前他们的机器人眼睛的位置是没有相机的，而是通过另外的双目相机来控制眼球的。未来，我们的研究目标是让机器人和人类一样，能够真的用眼睛看见物体。

上图中的仿生眼是中国科学院上海微系统所正在研制的Bino-Sense仿生眼，它能像人眼一样运动，有望成为真正有视觉能力的人造眼。

就像眼睛的诞生在5亿多年前改变了生物界，仿生眼的出现也将给机器人和人工智能领域带来一场技术大爆发。

现在，我们正处在爆发的前夜。

演讲时间：2021.5
扫一扫，看演讲视频

思考一下：

1. 仿生眼主要有几种类型，各自有什么特点？
2. 为什么双眼可动对高等动物的视觉很重要？
3. 文中讲到了哪些仿生眼的应用案例？谈一谈你认为仿生眼还会在哪些领域有所应用。

图片来源说明

8 “Wenjun Wu” by 이은서님 is licensed under CC BY-SA 4.0 DEED.

9 上：“Cybernetic Tortoise by William Grey Walter c 1950” by Ank Kumar is licensed under CC BY-SA 4.0 DEED.

11 讲者供图

13 “Deep Learning” by Sven Behnke is licensed under CC BY-SA 4.0 DEED.（图片进行了汉化）

17 上：“Evaluation of the effectiveness of adversarial T-shirts to evade person detection” by YOLOv2 is licensed under CC BY 4.0 DEED.（图片提高了清晰度）

下：“Gray722-svg (zh-tw)” by QuYi96 is licensed under CC0 DEED.（图片进行了修改）

18 上：“HD.3F.191 (11239892036)” by ENERGY.GOV is in the public domain.

下：“Enduring Turing” by unknown photographer is in the public domain.（图片剪裁）

20 左：“Tsien Hsue-shen” by Unknown author is in the public domain.

右：“Dr. von Kármán, posed in his office chair (cropped)” by NASA/JPL-Caltech is in the public domain.

21 “Wrightflyer” by John T. Daniels is in the public domain.

24 讲者供图

26 “Teslathinker” by Unknown author is in the public domain.

31 “M-T-Cicero” by Louis le Grand (original: Gunnar Bach Pedersen) is in the public domain.

34 “Diagram showing the structure of the skin CRUK 371” by Cancer Research UK is licensed under CC BY-SA 4.0 DEED.（图片进行了汉化和修改）

36 讲者供图

37 左上：讲者供图

38 讲者供图

39 上：讲者供图

下：“Plutchik-wheel” by Machine Elf 1735 is in the public domain.（图片进行了汉化）

40 讲者供图

65 图灵照片：“Enduring Turing” by unknown photographer is in the public domain.（图片剪裁）

图灵测试示意图：“Turing Test Version 1” by Hugo Férée is licensed under CC BY-SA 3.0 DEED.

深蓝照片：“Deep Blue” by James the photographer is licensed under CC BY 2.0 DEED.

AlphaGo图标：“Alphago logo Reversed” by Google DeepMind is in the public domain.

69 底：讲者供图

71—72 讲者供图

78 上：“Logo HGP” by U.S. Department of Energy, Human Genome Project is in the public domain.

81 “Black box diagram” by Belbury is licensed under CC BY-SA 4.0 DEED.（图片进行了汉化）

83　讲者供图

87—90　讲者供图

91　左：“Blausen 0672 NeuralTissue zh” by BruceBlaus is licensed under CC BY 3.0 DEED.（图片进行了修改）

右：“Smi32neuron” by UC Regents Davis campus is licensed under CC BY 3.0 DEED.

94　“Edmond de Belamy” by Artificial intelligence software is in the public domain.

96　“Théâtre D’ opéra Spatial” by Midjourney & Jason M. Allen is in the public domain.

97—98　讲者供图

99　上、下：讲者供图

中：“Vétheuil (1901)” by Claude Monet is in the public domain.

100—102　讲者供图

103　左下：“灯 (1944)” by 齐白石 is in the public domain.

上、右下：讲者供图

105　素描画：“Himalayan morning. Sunrise (1937)” by Nicholas Roerich is in the public domain.

水彩画：“A tile factory (1888)” by Vincent van Gogh is in the public domain.

AI生成画：讲者供图

105—109　讲者供图

114　“Robot de soldadura MIG en Mipesa” by Albertollopisrosa is licensed under CC BY-SA 3.0 DEED.

117　左上：“Nihongi by Aston volume 2 djvu 265” by William George Aston is in the public domain.

右上：“Han dynasty odometer cart” by unknown artist is in the public domain.

中：“Digesting Duck” by A. Konby is in the public domain.

左下：“Automates-Jaquet-Droz-p1030479” by Rama is licensed under CC BY-SA 2.0 fr DEED.

右下：“KarakuriBritishMuseum” by PHGCOM is licensed under CC BY-SA 3.0 DEED.

119　上：“Unimate 500 PUMA Deutsches Museum” by Theoprakt is licensed under CC BY-SA 3.0 DEED.

下：讲者供图

121—122　讲者供图

123　右上：“Robot dog at Barksdale Air Force Base” by Senior Airman William Pugh is in the public domain.

下：“Humanoid robot Simon playing with blocks at AAAI 2010” by Jiuguang Wang is licensed under CC BY-SA 2.0 DEED.

125　“Honda ASIMO Walking Stairs” by Indolences is in the public domain.

125　左：“WBAMC first in DoD to use robot for surgery 160426-A-EK666-506” by Marcy Sanchez is in the public domain.

右："Laproscopic Surgery Robot" by Nimur is licensed under CC BY-SA 3.0 DEED.

126 "Isaac.Asimov01" by Phillip Leonian is in the public domain.

130 "RichardFeynman-PaineMansionWoods1984 copyrightTamikoThiel bw" by Tamiko Thiel is licensed under CC BY-SA 3.0 DEED.

131 下：讲者供图

132 上："Purcell' s swimming scallop with reciprocal motion" by hor Tian Qiu, Tung-Chun Lee, Andrew G. Mark, Konstantin I. Morozov, Raphael M ü nster, Otto Mierka, Stefan Turek, Alexander M. Leshansky & Peer Fischer is licensed under CC BY-SA 4.0 DEED.

下："Scallop swim" by KDS444 is licensed under CC BY-SA 4.0 DEED.

133 左下、右下：讲者供图

134 讲者供图

135 "Autonomous-driving-Barcelona" by Eschenzweig is licensed under CC BY-SA 4.0.

137 讲者供图

140—141 讲者供图

142 "Pelagiczone" by Finlay McWalter is in the public domain.（图片进行了汉化）

143 讲者供图

145—146 讲者供图

147 "Sharks Lateral Line" by Chris huh is in the public domain.

148—150 讲者供图

155 右下：讲者供图

156 上（放大图）：讲者供图

左下（仿生复眼及放大图）：讲者供图

右下（小眼结构图）："Ommatidie" by Nono64 is licensed under CC BY-SA 3.0 DEED.

右下（小眼原理图）：讲者供图

157 右：讲者供图

158 上：讲者供图

159 讲者供图

160 右上：讲者供图

162 "The first page of the magazine "Ogonek," No. 23 (1959): "Girl from the Volga" (photograph by S. Fridlyand). Record of the eye movements during free examination of the photograph with both eyes for 3 minutes." by Yarbus is in the public domain.

163—169 讲者供图

其他图片来源：pixabay 图库、pxhere 图库、pexels 图库、unsplash 图库、站酷海洛图库、veer图库